现代科普博览丛书

太空飞行与航天科技

TAIKONG FEIXING YU HANGTIAN KEJI

杨天华　编

黄河水利出版社
·郑州·

图书在版编目(CIP)数据

太空飞行与航天科技/杨天华编.—郑州:黄河水利出版社,2016.12 (2021.8 重印)
(现代科普博览丛书)
ISBN 978-7-5509-1474-2

Ⅰ.①太… Ⅱ.①杨… Ⅲ.①宇宙-青少年读物 ②航天科技-青少年读物 Ⅳ.① P159-49 ②V1-49

中国版本图书馆CIP数据核字(2016)第175723号

出版发行:黄河水利出版社
社　　址:河南省郑州市顺河路黄委会综合楼14层
电　　话:0371-66026940　　邮政编码:450003
网　　址:http://www.yrcp.com

印　　刷:三河市人民印务有限公司
开　　本:787mm × 1092mm　1/16
印　　张:10.25
字　　数:146千字
版　　次:2016年12月第1版　　2021年8月第3次印刷
定　　价:39.90元

目　录

一、跳越地球

宇宙的传说

宇宙飞行,人类期望了几千年,但在古代,人们只能把上天的希望寄托在美丽的神话传说上。

在古希腊的神话中,有一个故事叙述雅典的建筑师和雕塑家代达罗斯,因为谋杀了自己的学生,逃到了克里特岛,受到国王的重用,在岛上建造了雄伟的宫殿和神奇的迷宫。后来,国王不再信任他,他决心逃回故乡。可是,面对茫茫大海,怎么逃出克里特岛呢?他苦思冥想,最终决定从天上飞回去。

他用麻线和蜜蜡将许多鸟的羽毛联结起来,做成两只彩色的翅膀,绑在身上偷着试飞,结果像鸟儿一样飞翔起来。于是,他又给儿子伊卡洛斯做了两只美丽的小翅膀。

逃跑前,代达罗斯告诫儿子不要飞得太高,否则翅膀会被太阳烤化。可是,飞着飞着,回乡心切的伊卡洛斯忘记了父亲的话,一个劲地鼓翼高飞,结果翅膀真的被太阳烤化,掉到海里淹死了。后来,那个海被人们称为伊卡洛斯海。

中国古代也有许多关于人飞向天空的神话传说,比如嫦娥奔月,萧史弄玉飞天,唐明皇游月宫,孙悟空大闹天宫,这些传说在民间广泛流传,家喻户晓。神话传说中还有想象力非常丰富的飞船呢!

东晋王嘉著的《拾遗记》上有一段记载，说尧登位三十年，有一巨船浮在西海上。船上有光，夜明昼灭，这只巨船十二年浮绕四海一周天，周而复始，这船名字叫贯月船，也叫挂星船。这种特殊的船可以到月球上去，还可以到其他星星上去。

在另一部书《洞天集》里也记载仙船的故事，说唐僖宗时，有一仙船，50尺长，声如钢铁，坚而不蠹，飞来飞去，最后飞到宇宙深处没有回来。

1639年，德国的朱安·波德旺写了一篇关于月球旅行的故事。故事的主人公冈扎莱斯乘船在大西洋航行，后来病了，被丢弃在一个岛上。岛上有一种来自月球的“神鸟”叫鹄，冈扎莱斯就在很多鹄身上系上重包训练飞行。经过充分的训练以后，他在几十只鹄身上系上细绳，绑上棒，然后跨在棒上，飞回了欧洲大陆。后来这些鹄又带着他飞到了月球世界。月球世界里居住着身长3米到10米的巨人，平均寿命是5000年，有一位皇帝统治着这个世界。

1835年，美国著名的侦探小说作家埃德加·爱伦·坡写了小说《汉斯·普法尔的无比冒险》。描写一位住在鹿特丹的风箱修理人汉斯·普法尔乘坐麻布和弹性橡胶气球飞上月球。在他看到的月球上，一排排小屋林立，住着许多没有耳朵的小人。

这些向往飞向星空的神话传说还有很多，什么骑上长翅膀的马飞往月球啦，乘坐设有活动翼和类似火箭的装置飞到月宫啦，真是说也说不完。但是，19世纪以前，所有的宇宙旅行的故事全是没有科学根据的憧憬和幻想。各民族的神话传说殊途同归，表达了人类一个共同的美好愿望：飞往宇宙。

月球之旅

19世纪，欧洲的科学有了飞速的发展，以科学知识作为基础的科幻小说出现了。最为著名的是“炮弹飞船”和“割断地球的引力锁链”的故事。

科幻小说的鼻祖,法国作家儒勒·凡尔纳1863年和1869年出版了两本科幻小说:《从地球到月球》和《环绕月球》,描述了乘炮弹飞船飞到月球,又从月球返回地球的整个冒险过程。

故事发生在美国,在南北战争期间,一些大炮发明家和炮兵人员建立了一个大炮俱乐部。战争结束以后,俱乐部的成员计划制造巨型大炮,发射一枚炮弹到月球上去。俱乐部的会长与剑桥天文台的天文学家们进行了会商,根据专家指示,确定了发射地点和时间。又经过仔细计算,将炮弹设计成铝制的,直径是2.74米,重量是8.7吨。把它放在270米长的大炮里垂直发射,以每秒11公里的速度飞行,可以到达月球。

这样长的大炮到哪里去制造呢?人们在佛罗里达州的坦帕镇郊外,垂直地挖了一个深270米的坑,在坑里铸造大炮。经过辛勤的劳动,大炮终于制成了。这时,有位法国人米歇尔·阿当提出申请,要求乘坐炮弹到月球上去,俱乐部接受了他的申请。他对炮弹重新进行了设计,建议把它造成一个中空的飞行器,中间设一个可以载人的舱,俱乐部主任和装甲板制造家尼柯尔船长接受了他的邀请也一起乘坐这个炮弹。

他们把炮弹设计成一头是圆锥的圆柱体,起名叫“哥伦布号”飞船。3个人坐进了炮弹飞船,他们带了一年的粮食和足够几个月的水、气压表、月理图、寒暑表,为了防备月球上的猛兽,又准备了步枪和猎枪。此外,锯子、铲子、谷物的种子也带去了。一切准备就绪后,他们又添上了2只狗和几只鸡。

过了几天,在许多观众的围观下,炮弹发射了出去,炮弹达到了预定的每秒11公里的速度,并以这个速度接近月球,但是在途中由于遇到流星而偏离轨道,没能在月面着陆,炮弹飞船飞到月面的里侧，又奔回地球，像陨石那样溅落在太平洋上。

在凡尔纳生活的时代，大炮被称为战争之神，它的射程被认为是无限的，同时，天文学和天体力学发展都很快，人们已知道万有引力定律。他的科幻小说就是在这些科学知识基础上创作的。小说出版后，被译成多种文字，使许多狂热的青年成了太空迷，还有不少人读了这些书从而立志终身献身于宇航事业。

1901年，英国著名作家威尔斯也写了一部科幻小说《月球上的第一批人》，叙述了两个英国人在月面着陆的故事。

地球的引力就像一条锁链一样把物体牢牢束缚在地球上，小说的主人公实验物理学家凯伏尔发明了一种不受引力影响的新合金，他用这种新合金制作了一个供两人乘坐的球型宇宙飞船。在船上开了个百叶窗，窗子打开，就感到地球的引力，窗子关上，引力就感不到。他和伯德福德一起乘坐这样的飞船，飞到了月球。

月球里有空气，空气夜里凝固成雪一样的东西，覆盖在月面上，第二天太阳一出来又变成气体。月球上的植物很奇特，夜里还是种子呢，白天就发芽成长起来了。月球上的牛就是吃这种植物生长的。月球人身长1.5米，长得就像蚂蚁。月球的地底下有都市，那里的桌子、锁、锤子等全是金子做的。后来，只有伯德福德一个人带着金锤返回了地球，而凯伏尔却被月球人捉住杀害了。

威尔斯的这部小说不大重视科学性，但是比凡尔纳的作品写得更有趣，大大渲染了当时的“宇宙热”，对后人影响也很大。

寻找“登天梯”

神话传说和科幻小说中的“飞天术”是古人的梦想，真正使人类进入太空的“登天梯”是近代火箭技术。

为了寻找这架“登天梯”，人类差不多已经努力了一千年。最原始的火箭是我们中国发明的，那是一种带“火”的箭。据历史记载，东汉末年诸葛亮攻打郝昭，架起云梯冲车爬登城墙，郝昭用火箭逆射云梯，云梯燃烧，云梯上人都被烧死。这种火箭只是在普通的箭上绑一些柴草棉麻之类的东西，浇上油脂，点着火，然后靠人力用弓发射出去。目的是用箭上的火种放火烧毁敌人的军营或其他目标。这是火与箭的机械结合。

促使箭和火有机地结合，即以火送箭，那是火约发明以后的事。大约在西汉，我国的许多炼丹家就发现了硫磺和硝混在一起常常会发生大火甚至爆炸。到了唐朝，黑色火药已得到完善。

火药能够燃烧，自然就会使人们想到把它绑在箭上射出去烧杀敌人。于是，在公元970年(宋太祖开宝三年)有冯继昇、岳义方的火箭，公元1000年(宋真宗咸平三年)有唐福的火箭诞生。他们的火箭都作为稀罕之物敬献给了皇上，这种“火药箭”应该就是真正的原始火箭了。

11世纪以后，古代火箭在我国军事上得到广泛应用。最早的记载是南宋与金之间的采石大战。当时，金有40万大军南下攻宋，70艘战船抵近南岸，情况十分危急。南宋的统兵虞允文先出奇兵将敌船战斗队拦腰截断，然后用轮桨船运送“火箭兵”跃上敌船的甲板。点燃一枚枚原始火箭弹，响声震耳，炸得金兵抱头鼠窜，南宋获得大胜。

还有一次更为著名的战役是公元1232年4月蒙古人攻打金都开封。守城金兵奋战16昼夜，用大火箭、飞火枪杀伤敌人，杀得蒙兵弃城退兵。

13~17世纪，是我国古代军事火箭的全盛时期。有一种“神火飞鸦”是最早的并联式火箭。这种火箭能够飞行300多米，落到对方后用鸦身作火种烧毁敌人的营垒、船只，具有一定的威力，当时曾有战无不胜的记录。还有一种“火龙出水”,是最早的二级火箭,可以飞行两、三里路,龙头、龙尾两个火箭,龙肚子里有好几枚火箭,攻击目标的威力当然大!

当时还有一种可以返回的火箭,叫做“飞空沙筒”。这种火箭向前炸伤敌人目标后,接燃向后的装置起火,借助喷火冲击空气所产生的弹力退回本营,搞得敌人晕头转向,不知是什么武器。

还有可以同时施放多个火箭的,一次发10枚的叫“火弩流星箭”,一次发20枚的叫“火龙箭”,一次发30枚的叫“长蛇破阵箭”,一次发32枚的叫“一窝蜂”,一次发40枚的叫“群豹横奔箭”,一次发100枚的叫“百虎齐奔箭”。

火箭的发展,使我们的祖先萌发了用火箭做动力载人飞行的想法。14世纪末,我国有一位名叫万户的军械技师,他把47枚当时最大的火箭捆绑在椅子后面,自己坐在椅子上,手拿两个大风筝,让别人同时点燃47枚火箭,决心用火箭飞上天去。可是,一声爆炸过后,只见烟雾弥漫,碎片纷飞,再也找不到他本人了。为了纪念这位最早的“宇航员”万户的壮举,现代的科学家们把月球背面的一个火山口命名为“万户火山口”。万户的故事应该就是人类第一次用火箭作为“登天梯”的尝试!

火箭红光

中国的原始火箭,除了由阿拉伯人从丝绸之路间接传到欧洲外,另一途径是蒙古人的铁蹄硬弓横扫欧亚两洲时,直接传入了欧洲,黑色火药的秘方也传给了阿拉伯人和印度人。

1235年至1244年,蒙古军队携带火箭第二次西征,横扫保加利亚、梁赞、基辅、莫斯科、波兰,一直打到德国。

1241年4月9日,德国和波兰组成3万联军抵抗蒙古军队,蒙古军使用火箭击败联军，接着蒙古人又转向匈牙利，攻下布达佩斯，渡过多瑙河，直指意大利和奥地利。这时，国内传来大汗逝世的消息，蒙古军队才班师回国，中欧、西欧才幸免于难。

蒙古军的两次西征，火箭武器的威力使欧洲人震惊。他们也学习制造了许多别具一格的火箭。意大利的“火箭车”是专门攻打敌人工事的武器。达·芬奇还设计了一种“火轮”，用一组火箭一边喷射燃烧，一边滚动前进，扫荡敌人，焚烧营垒。在俄国，彼得大帝亲自参加新成立的火箭机构，制成过有名的信号火箭，重约一磅，一直使用到19世纪末。

18世纪，英国军队入侵印度，印度公爵盖达·阿里汉·麦索尔斯基成立了1200人的火箭射手团，用重3～6公斤的火箭筒，以竹杆作安定器打击英军，英军损失惨重。这种火箭筒经参加过这次战役的英国上校康格列夫改的进，制成了近代火箭，射程300米，很快在战场上大显神威。1806年拿破仑战争期间从船上发射的这种火箭烧毁了法国城市布朗尼；1807年用4万发火箭一日内击毁了丹麦京城哥本哈根，史称“一日之战”；鸦片战争中，英军也曾用这种火箭攻击中国军队；1814年美国独立战争中，英军用这种火箭对付美国人，使华盛顿城变成了一片废墟，并且占领了该城。火箭的红色火焰，给美国人以极深的印象。后采，斯高凯创作美国国歌《星条旗》，歌词中就描写了“火箭耀眼的红光”是多么厉害。

宇宙开发的先驱者

19世纪初，以康格列夫火箭为代表，固体火箭发展到顶峰。但固体火箭有两个致命的弱点：一是射击精度太差，需要有一定精度的导航系统；二是“发动机”所装火药性能低，不好控制，只能打打“箭海战术”,不能“一箭中鹄”、“一箭破敌”。当时人们已经意识到,要使火箭成为更先进的战争利器,必须解决这两个问题,而当务之急是解决发动机问题。

这时,俄国的齐奥尔科夫斯基敏锐地指出,“巨大火箭的动力应当是液体推进器发动机”。他设计了新的飞行器草图,设想用煤油/液氧作推进剂,在当时这对那些沉迷于大型固体火箭设计的人,确有振聋发聩的作用。

齐奥尔科夫斯基1857年9月4日生于俄国莫斯科西北的梁赞区,父亲护林,母亲务农。他幼年在乡村小学读书,10岁时得了猩红热病成为聋子。但是他刻苦自学,对数学、物理、天文特别感兴趣,后来通过考试,成为一名中学教师。

上课了,齐奥尔科夫斯基常常穿着一件被化学药品蚀了几个洞的上衣走进教室,他的课上得十分认真精彩。下课后,他常爬到房顶上去找空气动力数据。刮大风的时候,他还会在泥泞的田野里披着床单迎风猛跑。人们惊骇地看着他,怀疑他可能是个幻想上天的疯子。

他认真地考虑了使用火箭在宇宙中飞行的问题,确信使用火箭可以在没有空气的宇宙空间飞行,可以到月亮和星星上旅行。他也写了一部科幻小说《在地球之外》,这部小说描写的宇宙旅行的基本构想具有极高的科学价值。

关于无重量状态,凡尔纳和威尔斯的知识是靠不住的幻想,而齐奥尔科夫斯基的知识是完整的。

这部书关于“宇宙游泳”和“宇宙枪”的描述,跟现在的宇宙旅行中的实际情况几乎一点不差。关于月球世界的描写,略微偏重于趣味,但是用小型“渡船”在月面降落的构想也和现代的“阿波罗”宇宙飞船很相似。这种敏锐的预见力实在令人惊叹!

从1896年起,他更深入地研究火箭原理,对宇宙飞行中可能遇到的各种问题进行思考。他认为气球、大炮不可能作为星际飞行的工具，只有用液体作推进剂的多级火箭才可能实现宇宙航行。他推导出著名的齐奥尔科夫斯基公式，为宇宙航行奠定了一定的理论基础，得到了当时火箭界的极大重视。

从19世纪末到20世纪初，火箭界就逐渐集中到液体火箭的研究和制造方面，世界掀起了一股“火箭热”。

1930年，齐奥尔科夫斯基的学生研制成功了一台以汽油和空气作推进剂的液体火箭发动机，推力是5公斤。1932年出现了以汽油和液氧作推进剂的液体火箭发动机，推力为50公斤。在液体火箭方面卓有贡献的还有被称为“月球火箭人”的美国火箭之父哥达德(1882～1945)。自从液体火箭问世以后，火箭技术就进入了一个崭新的阶段。直到目前为止，人们在航天事业中使用的基本上都是液体火箭。人们称齐奥尔科夫斯基是宇宙开发事业的先驱者。

第一枚液体火箭

比齐奥尔科夫斯基稍迟一些，美国也出现了火箭的支持者，这就是罗伯特·哥达德。

哥达德1882年出生于美园马萨诸塞州的伍斯特。他从小体弱多病，但喜爱幻想，17岁时读了威尔斯的《月球上的第一批人》等书，发疯似的向往宇宙旅行，一心要让凡尔纳的梦想变成现实。

哥达德在大学专攻物理学，毕业后又考入克拉克大学，获得了物理学硕士和博士学位。这时，他开始研究液体火箭，其中包括液氢液氧推进剂的研究。他设想用核能推动的“方舟”，将文明从正在死亡的太阳系送往另一个恒星系。1919年，哥达德发表了《到达超高空的方法》的论文。在这篇论文里，他提出火箭可以在没有空气的宇宙空间飞行。他说:“如果制造重598.2公斤的火箭,就可以把0.9公斤的镁送上月球。”接着他这样描述:“用火箭把0.9公斤的镁送到月球,在月面上把它点燃,镁的明亮闪光将持续几秒钟,在地球上用望远镜就可以看到它”。论文一发表,立即引起巨大震动,各种夸大宣传和冷嘲热讽蜂拥而至。哥达德对此采取了克制和不理睬的态度。

为了把理论付诸行动,哥达德从1921年开始设计制造世界上第一枚液体燃料火箭。在航天先驱中,他是第一个把理论和试制工作结合起来的人。1922年4月他开始进行试验。第一次静态试验因火箭发动机点火后发生爆炸而失败。

经过几年的努力,哥达德终于研制出用煤油/液氧发动机推进的液体燃料火箭。1926年1月16日,在马萨诸塞州的沃德农场大雪覆盖的田野上,世界上第一枚液体火箭进行了飞行试验。

那天清晨,哥达德夫妇早早来到农场,把一枚长3.04米,重5.5公斤的小型液体火箭安装到发射架上。下午2时30分,他的妻子拍摄了发射前的现场照片,接着哥达德用吹焰灯点燃了火箭引信,迅速躲进一间小木屋。“啪”的一声轰响,火箭飞离地面,穿过大气,升向高空。2.5秒后,火箭上升到41英尺高,然后坠落到农场菜园里。

虽然这种火箭还粗陋不堪,远不能飞上月球,但是它第一次打开液体火箭技术的大门,开辟了航天史的新纪元,使人类在通往宇宙的道路上迈出了坚实的一步。

哥达德一生获得专利214项,几乎涉及液体火箭技术的所有主要部分,如陀螺控制系统、燃料泵、冷却系统等,为人类航天事业作出了特殊贡献。

美国的哥达德航天中心就是为了纪念这位“美国航天之父”而命名的。那里树有一块纪念碑,上面刻有哥达德中学毕业时演讲的那句话:“很难说什么是可能,昨天的梦想就是今天的希望、明天的现实。”

V-2火箭的出世

V-2火箭是纳粹德国制造的,它是二次世界大战期间唯一能与原子弹相匹敌的武器,是科技上的巨大进步。在现代火箭史上也具有划时代的意义。

第一次世界大战德国战败后,签订了凡尔赛条约。当时人们对火箭的潜力认识还不足,因为那时只有少数型号的小型液体火箭勉强能飞起来,既不高也不远,所以条约只规定德国不许拥有飞机和大炮,没有限制火箭的研究和发展。当时德国有一股“火箭热”,不少火箭爱好者自发成立了“太空旅行协会”,搞液体火箭的试验飞行。由于人、财两缺,所以成果不大。

1933年德国纳粹上台后,希特勒疯狂扩军备战。他魔眼独具,看到火箭的潜在威力,拨巨款研究军用火箭,由陆军派人负责,年仅20多岁的冯·布劳恩博士担任总设计师。布劳恩从小就是一位“火箭迷”,13岁时,他想造出一辆“火箭车”一鸣惊人,让佣人买来6支大号焰火,绑在滑坡车上,然后点燃6支焰火,“火箭车”在街上横冲直撞,差点引起火灾。结果被警察抓起来,交给他父亲,被训了一顿。他18岁时,便参加了“太空旅行协会”,抱着航天的幻想研制火箭。一开始仅有一位钳工当助手,后来,希特勒耗资数百万美元,在德国的一个小渔村——潘纳明德兴建了一个绝密的火箭研究基地,技术人员和工人最多时达1.8万人,布劳恩带着他们秘密试验V-2火箭(V是复仇一词的字头)。

为了弄清希特勒“秘密武器”的秘密,盟国开展了一切可以进行的情报活动。英国飞机进行了大量的侦察拍照,并将发射台和竖立在发射台上的V-2火箭摄入了镜头。但由于人们熟悉的大炮等重型武器,从来都是倾斜发射的,这使情报分析专家做梦也没有去想会有垂直发射的远程武器。所以,将那些迅速建立起来的V-2发射场,误认为是新建的工厂。竖立在发射台上的V-2导弹很自然地被认为是工厂的烟囱。因此潘纳明德一直没有受到轰炸。

后来,盟国终于弄清楚潘纳明德是大规模制造火箭武器的工厂,飞机摄影侦察也证实了情报的可靠性。1943年8月17日夜,明月当空,由571架飞机组成的轰炸机群选择了一条迂回航线,然后直捣潘纳明德。潘纳明德守军毫无防备。突然,周围到处都投下了照明弹,轰炸机蜂拥而至,守军急忙以高射炮反击。可是,英国轰炸机群毫不理会,一批批地向选定的三个目标点倾泻着数以千吨的炸弹和燃烧弹。顿时,大火吞没了整个潘纳明德。

这次轰炸炸毁了装配车间和实验室,科学家和技术人员住的45幢木房也荡然无存。据查炸死了735人,其中有178名德国科学家和技术人员,包括瓦尔特·蒂尔和台尔博士等著名科学家。

潘纳明德大轰炸延缓了纳粹德国V-2的研制进程,但仍然没有能够把它完全扼杀掉。经过6年的艰苦努力,至1942年7月,V-2火箭终于试射成功。由于它的射程无法到达莫斯科,1944年,希特勒下令首先向伦敦发射了数百枚V-2火箭,引起了英国的惊慌,希特勒对这种武器充满狂想,指望用他来复仇,短短几年中就发射了4000多枚。

V-2火箭的最大射程为270公里,推力为25吨,射击精度为半径3~5公里的圆,所以常常打不中目标,一开始充满了威吓力,但渐渐地威力就不大了。德国人原打算同时制成原子弹,二弹结合使用。没想到在挪威的重水工厂遭到破坏,原子弹迟迟搞不出来,只好使用常规弹头。希特勒不惜巨资,创下了一个月生产900

枚的记录。

纳粹还有一系列的疯狂计划。他们计划给V-2火箭装上机翼(取名A-9),再入大气层时可以滑翔,延长射程达到1000公里;再给它加一个大推力助推器“A-10”,射程远达4800公里,可以从德国老巢直捣美国。此外,纳粹还在同时研制地—空导弹、空—空导弹、空—地导弹,研制了射程为160公里的四级固体地—地导弹。总之,对各种导弹都有所涉猎,可谓是包罗万象。可是,这些计划还没来得及进入实战阶段,纳粹就战败了。否则如果原子弹和这些疯狂计划实现,人类将会遭到更大浩劫。

希特勒灭亡后,美苏两国很快瓜分了V-2火箭的成果。冯·布劳恩博士和一批最优秀的火箭专家由于不愿和红色苏联合作,英、法两国战争中又损失惨重,战后不会有时间和金钱搞火箭和航天,因此,他们决定向美军投降。并把事先藏在德兰登林铁矿井里的14吨技术资料运到美国。美国还在此前派来一个“V-2特使团”,从德国人的火箭地下工厂搬走了100枚V-2火箭弹。1945年8月,冯·布劳恩就已在美国的军工厂装配V-2火箭,并计划改进V-2火箭,准备用它来发射人造卫星。

苏联红军在美军之后占领了德国人的火箭工厂,把所有的机器设备、火箭及部件,全部运回国内,并弄回去上千名技术人员,其中有100多位中级火箭专家。1946年,前苏联在德国重新组织V-2火箭生产,1947年在前苏联仿制V-2火箭成功,1948年改进型试射成功,1949年8月29日爆炸了第一枚原子弹。从此两弹结合才使远程导弹成为举足轻重的战略力量。

从此,美苏在V-2火箭的基础上,发展各自的运载火箭和航天工业,展开导弹、卫星、登月、载人空间站技术和空间军事的竞赛。

二、飞向太空

“探险者”入太空

第二次世界大战后，美苏瓜分了德国V-2火箭的资料和专家。战后10年中，美国的一些高级官员自恃空军举世无双，对发展远程火箭缺乏热情，认为“绝对不行”；不相信苏联人在火箭上有什么发展，还认为研制卫星是“轻浮的”、“异想天开的”。所以火箭研究进展缓慢，没有多大建树。

苏联就不同了，斯大林具有战略眼光，对远程火箭的研制极为关注。在战后经济十分困难的条件下，仍然舍得花钱。1949年原子弹爆炸成功以后，1950年又改进成功射程可达500公里以上的SS-2火箭。这时，苏联已经羽翼丰满。1952年把所有德国专家遣送回国。苏联不惜巨资、集中精英，统一领导，技术上注重实用和继承性，步步为营，1957年8月26日成功地发射了两级液体洲际弹道导弹SS-6。同年10月4日，又利用由SS-6改装的运载火箭，发射了世界上第一颗人造地球卫星——“斯普特尼克”1号，首先闯入浩瀚的太空，开辟了人类的登天之路。

这颗卫星呈球形，重83.6公斤，发射卫星的运载火箭全长29米，是当时世界上最大的运载火箭。

苏联发射洲际导弹和人造地球卫星成功的消息传到美国，美国朝野一片哗然。氢弹之父特勒在电视上拖着长音说道：“美国输掉了一场比珍珠港更重要、更伟大的战斗。”其实早在1946年，美国就有人在进行人造地球卫星的可行性研究，但直到1955年7月，美国总统才批准研究“先锋”号计划，并打算1957年7月1日发射。1957年7月1日至1958年12月31日，有64个国家的5千多名科学家和工程师，参加国际地球物理年会，美苏两国都承诺到时发射卫星。美国人还夸下海口，说：“第一颗人造月亮将属于美国。”与美国相反，苏联人则默默地进行实际研制。当美国人觉察到与前苏联的“导弹差距”后，便拼命寻找对策，1955年11月决定发展中程导弹“雷神”和“丘比特”，意在缩小与前苏联的差距。到1957年，大约有4万人在2千个公司里搞导弹研制。但是越急越败，洲际导弹屡试屡败，技术总不过关。眼睁睁看着苏联人将第一颗“人造月亮”送入了太空。

1957年10月4日晚上，许多美国人走出住宅，仰望飞越夜空的苏联卫星，一场信心危机像燎原大火一样席卷了全美国。

美国人从二战以后就养成了一种优越、自负的情绪，现在被苏联人一扫而光。参议员亨利·杰克逊强烈要求将苏联卫星上天的这一周定为“全国耻辱和危险周”，美国人纷纷担心前苏联会用导弹携带核武器攻打美国。战略空军司令部把苏联中世纪的塔楼、地上粮仓都捕风、捉影地判断成发射架。更可笑的是，还有谣言说苏联人要炸月亮了。

责难和建议性的电报、信件像雪片一样飞进白宫，总统艾森豪威尔一开始还比较镇静，后来压力不断增大，赫鲁晓夫挥动着火箭也在对其施压，说“苏联的导弹就像制造香肠一样不断地由机器里产生出来。”11月25日，艾森豪威尔忽然中风，几天后才恢复健康。

1957年12月6日，美国急着发射“先锋”号卫星，新闻界在等着采访，成千上万的美国人在等着看电视实况报道。可是，“先锋”号实在不争气，只上升了几尺高就落向发射台发生爆炸。美国的火箭被嘲笑成“翻斤头火箭”、“咔擦火箭”和“动不了的火箭”。

为了挽救这一败涂地的局面，五角大楼拼命给制造导弹的洛克希德公司下拨经费，并改令冯·布劳恩小组负责发射卫星。布劳恩小组不负众望，仅用了84天时间，便于1958年1月底，用“丘比特”火箭将一颗8.3公斤的小卫星“探险者”1号送入了太空。

观测卫星

1957年10月4日，苏联抢先一步，将世界上第一颗人造卫星发射上天。随后，苏、美两国明争暗斗，先后发射了一批卫星上天。这些卫星都是根据国际地球物理年研究活动的要求研制和发射的，目的是为了观测宇宙空间，都是“科学观测卫星”。

在最初的观测卫星中，最引人注目的是范爱伦辐射带的发现。它是世界第三颗人造卫星、美国的“探险者”1号找到的。

苏联连续发射了“东方”1号和“东方”2号两颗卫星之后，美国于1958年1月31日，也发射了一颗科学探测卫星，称“探险者”1号。它比苏联卫星小得多，只有14公斤重（“东方”1号重83.6公斤）。但是，麻雀虽小，五脏俱全。在这颗卫星上装有爱达荷州立大学詹姆斯·范爱伦教授设计的探测辐射线的仪器。“探险者”1号飞得比苏联卫星高，近地点是360公里，远地点是在2550公里的椭圆轨道上。

当“探险者”1号在800公里以下高度飞行时，辐射线的数据通过无线电陆续传回地面，但是卫星一越过这个高度，辐射线仪就突然沉寂了。等卫星又回到800公里以下的高度，辐射线的测定结果又通过无线电送回地面。范爱伦教授这样解释这个现象：

“在800公里以上的高空存在着使辐射线仪指针脱离的强辐射能，所以仪器一时不中用了，不能把数据送回地面。”

这种解释后来又被其他卫星的观测确认，因此，决定把这个辐射线强的区域叫做“范爱伦辐射带”。它是地球物理年的重要成果之一。

苏联为了调查范爱伦带，也在1964年1月30日发射了“电子”1号卫星。为了调查宇宙线等，又在1965年7月16日发射了“质子”1号卫星。

苏联虽然发射第一颗卫星上天，卫星的重量也比美国的大，但在利用卫星进行观测研究方面，却落后于美国。

最初的人造卫星，形状都比较简单，或是球形，或是多面体。后来美国从1964年秋天起率先发射形状复杂、结构精巧的科学观测卫星。

如果把以前简单的卫星叫做第一代科学观测卫星，那么以后复杂、精巧的就是第二代科学观测卫星。

美国发射的地球物理观测卫星OGO、太阳观测卫星OSO、天文观测卫星OAO、生物卫星等都属于第二代科学观测卫星。它们都配备了当时最先进的仪器，如大型天文望远镜和太阳能电池板等。

苏联从1962年3月16日起发射了一系列叫做“宇宙”号的卫星，到1976年9月便已发射了857颗。但是，苏联一向很少发表这些卫星的资料，人们对它们的结构和大小不甚清楚，不过可以估计这些卫星应当绝大多数属于第二代科学观测卫星。除了美、苏以外，40年来，世界各国先后发射了500多颗科学观测卫星。近年来，已积累了足够的空间和地球环境的资料。这类卫星发射数量已明显减少。

1987年，中国发射的“实践”2号科学实验卫星，是一颗空间物理探测兼新技术试验卫星。星上装有11种探测仪器,可以改进我国无线电通信、导航、测大气密度,还可以为卫星轨道预报服务。

“铱系统”

人类早期发射的卫星都是科学观测卫星,随之使研制发射了许多与生活密切相关的“实用卫星”。如通讯卫星、气象卫星、测地卫星、导航卫星等。

通讯卫星就是中继电波的卫星,中继的项目有电视、广播、电话等。

什么叫中继电波?电波根据频率的不同可以分为长波、短波、超短波、板超短波等。在通讯卫星出现以前,只有短波能飞渡太平洋和大西洋。所以,电话和电报使用的都是短波和超短波。至于电视,只能用超短波和极超短波才能传送复杂的电视信号。但是有一个致命的缺陷:若遇到天气不好,电话、电报难通,电视看不到,急得生病也没用。

为了克服这一弱点,有人便提出了中继电波的方法,像接力赛跑一样,每隔50公里左右设一个中继站,从而把电波传得很远。这样做问题也很大,浩瀚的海洋怎么建立中继站呢?

人造卫星上天以后,这个问题就好办了。如果把中继站设在太空,它反射的超短波和极超短波覆盖面便很大,只要有几颗卫星就可以全球通信了。

在这方面,美国首先投入研究,1960年8月12日发射的气球卫星“回声”1号就是这样的卫星。发射前,它被折叠成小球,进入轨道后就膨胀起来,直径达30.5米。气球表面有一层铝制薄膜,可以反射从地球传来的微波。该卫星仅供美国国内以及在美、英、法之间进行无线电话和传真试验。

这样的通讯卫星，仅仅是反射电波，所以被称做“被动的通讯卫星”。被反射的电波如果弱，电视画面就很模糊。

后来又研制了一种新型的“能动的通信卫星”。卫星上装有增幅管，可以加强来自地面的电波并发送回地面。美国1960年10月4日发射的“信使”1号，1962年7月10日发射的“电星”1号。1962年12月13日发射的“中继”1号等都是“能动型”的，转播的电视画面非常清晰。

“中继”和“电星”虽然是能动型的，但是因它们是在低轨道上飞行，地面接收站的大型天线必须努力跟踪它。而且它们一天只有两次在适合的位置上中继电波，每次不过20分钟。

用这种传统的卫星通信，即使到2000年，世界上只有15%的陆地面积能用上移动电话。近些年，国际海事卫星组织率先提出在低轨道（1万公里）的3个平面环上分布10～12个小卫星构成一个系统。这样，即使有一颗卫星出了故障，也不至于影响整个系统。随后美国摩托罗拉公司与另外13家公司结盟，实施一项“铱计划”，发射66颗卫星构成“卫星链”，这些卫星体重仅为300多公斤，可以用一箭多星的技术发射，既经济又可靠。1999年3月26日和6月12日，中国的“长二丙”火箭分别为摩托罗拉公司将4颗“铱”卫星送入预定轨道。

“铱系统”是新崛起的低轨道卫星通信的代表，它发挥的是“星群”作用。它的通信网能把全世界的人连在一起，手持“大哥大”就可以和地球上任何地方的人通电话。

天无不测风云

气象是风、雨、雷、电等大气现象的总称。人造卫星也可以用于气象观测，它运行于宇宙空间，俯视地球，用照相机和摄像机

（夜晚用红外照相机）拍摄云的形状、云层的分布，观测台风、积雪、流冰等，再把这些卫星云图送回地面，用于气象预报。这样的卫星叫做气象卫星。

在气象卫星的研制和发射方面，美国走在前面。从1960年4月1，日到1965年7月2日，美国连续发射了10颗"泰罗斯"号实验气象卫星。

"泰罗斯"号系列卫星，是美国的第一代气象卫星。"泰罗斯"，意思是"电视和红外辐射观测卫星"。它的模样呈圆筒形，直径约1.07米，高0.48米至0.56米，重120至139公斤。

"泰罗斯"1号装有两台电视摄像机，它在轨道上运行了77天，向地球发回了22952张云层照片，美国的一位气象人员形象地说："我们一夜间从赤贫变成了巨富"。

初期的"泰罗斯"卫星寿命很短，只有1个多月到4个半月的时间。"泰罗斯"6号的寿命达13个月；7号以后的可以连续工作3年以上；8号以后的装有自动照片传送装置（APT），世界上任何地方，只要装有地面接收装置，就可以收到气象照片。"泰罗斯"号的缺点是云图分辨率不够高，适时传递云图的能力差。

后来，美国又陆续发射了"依萨"号系列和大型气象卫星"诺阿"号、"雨云"号系列，这是美国气象卫星的第二代和第三代。

苏联从1963年起开始研制气象卫星。到1969年才研制出"流星"号。这是前苏联第一代实用气象卫星。从1969年3月26日开始，前苏联发射了一系列的"流星"号卫星。

"流星"号气象卫星也是圆柱体，带有太阳能电池翼。约3米长，重量约有1000公斤，比美国的"泰罗斯"重了7倍多。卫星装有接收机、电视摄像机、红外测量仪，能不断地把地球白天的云图和夜晚的红外云图传送回地面。许多"流星"号卫星在不同的轨道上运行，组成了一个气象观测网，可以提供全球气象资料。

中国于1988年9月首次发射了一颗太阳同步轨道试验气象卫星“风云”1号，成为继美苏之后，第三个具备研制和发射太阳同步轨道气象卫星的国家。大家知道，向日葵是朝着太阳转的。这样最能充分吸收太阳光。“风云”1号就是和向日葵一样的卫星，它能选择最好的光照条件，拍摄的照片非常清晰。

1990年9月3日，中国又发射了“风云”1号乙，这两颗“风云”号都属于同步轨道的极轨气象卫星，每天绕地球14圈，对全球表面巡逻两遍，不仅可以提供全球的气象资料。还可以为农业、海洋渔业、环境监测和军事侦察提供有效服务。目前，拥有极轨气象卫星的国家只有美国、俄罗斯和中国。

1997年6月10日，中国又成功发射了第一颗静止气象卫星“风云”2号，这是我国第二代气象应用卫星，也是第一代静止气象卫星。“风云”2号定点后处于我国大陆和海区的理想位置，能提供以我国为中心的1/3地球范围内的气象资料，它的“绝招”是每隔30分钟就提供一次资料，对监视灾害天气特别有利。目前，拥有静止气象卫星的有美国、俄罗斯、日本、欧洲诸国、印度和中国。同时拥有极轨和静止轨道气象卫星的国家仅有美国、俄罗斯和中国。

从1960年美国发射“泰罗斯”第一颗气象卫星以来，世界上已有许多国家发射了各种类型的气象卫星，组成了一个全球气象卫星观测网。全世界都可免费接收卫星发回的云图。

真是:人有通天手段，天无不测风云!

太空“谍战”

用于调查敌情的卫星，叫“侦察卫星”，也叫“间谍卫星”，据侦察手段和任务，可将其分为照相侦察卫星、电子侦察卫星和预警卫星。

照相侦察卫星俗称天空中的“眼睛”。卫星上装有照相机，能够回收和显像，还有一种装有电视摄像机，运用电波把画面送回地面。美国从1959年2月28日到1962年4月18日“发射的39颗“发现者”卫星(其中有12次发射失败)属于前一种照相侦察卫星。同期发射的“萨莫斯”卫星则属于后一类型的照相侦察详查卫星。

“发现者”是美国的第一代回收型照相侦察卫星。发现者”1号进入预定轨道后，由于星上移定系统发生故障，卫星在轨道直打滚，无法对地面进行侦察。“发现者”2号由于地面过早发出返回指令，胶卷没有收到。直到“发现者”13号，拍完照片后，返回胶卷仓落到海面才成功被回收，这也是第一次从太空回收人造物体。到1962年共进行了39次“发现者”的发射，总共回收成功12次。

“萨莫斯”是美国早期的无线电传输型照相侦察普查卫星。它的轨道比“发现者”高，侦察的范围更广，寿命长。获得情报的速度比“发现者”快。“萨莫斯”第一次发射失败，第2次成功，向地面发回了1000多幅侦察照片，侦察的范围主要是前苏联、东欧和中国。照片证明了当时前苏联的洲际导弹只有14枚，而不是美国人估计的500枚，美国人大大松了口气。

1971年6月15日，美国把第一颗第四代侦察卫星“大鸟”送入近极地轨道。“大鸟”装有许多新设备，既可作照相侦察，又可电子侦听，既能详查又能普查，寿命也氏，最长的飞行了160天。它是当时最先进的侦察卫星。到1979年，共发射了15颗“大鸟”，时刻密切监视着前苏联洲际导弹的分布和动态，为美国在战略武器限制谈判中立下了汗马功劳。

目前，美国使用的主要是第五代、第六代“锁眼”照相侦察卫星，是一种数字图像传输型照相侦察卫星。它从空间传回一幅图像只需要几分钟。据说它们和“长曲棍球”雷达成像侦察卫星配合使用，可以看清地面上汽车的牌号。

电子侦察卫星是设在空中的“耳朵”，卫星上装有各种电子设备，把敌方辐射的各种频率的电磁信号记录下来，及时传回自己的地面站。电子侦察卫星也分普查型和详查型，普查型星体较小，与照相卫星组成母子星，进入照相卫星轨道后，被小火箭送人更高的轨道。从1963年到1968年，美国发射了11颗小型电子侦察卫星。1972年以后，小型电子侦察卫星就和“大鸟”一起升空。在海湾战争中，美国将一颗“旋涡”第三代电子侦察卫星，两颗“大酒瓶”第三代电子侦察卫星移到海湾地区上空，昼夜不停地窃听伊方的通信。据报道说，伊拉克的每一枚导弹发射、每一辆汽车开动或是每一部雷达开机，都逃不过多国部队的严密监视。

预警卫星主要用来侦察洲际导弹、潜射导弹发射情况，也可用于监视导弹试验。卫墨通过红外探测器感受导弹发射的尾焰的红外辐射，实施探测和跟踪。美国早期发射过“米达斯”号预警卫星，是第一代。目前，在轨道上服役的是第二、三代。一般情况下，静止轨道上保持5颗。其中3颗工作，2颗备用。在海湾战争中，美国动用了两颗DPS导弹预警卫星，每隔12秒就对伊拉克扫描一次。一旦发现伊方发射“飞毛腿”导弹，50~60秒后就可向美国预警中心报警，从而及时发射“爱国者”导弹予以截击。

以上所说的，主要是美国间谍卫星的情况。前苏联的情况，由于极其保密则不清楚。军事专家们认为，在被叫做科学卫星的“宇宙”号系列中包含有不少间谍卫星。

除了照相侦察卫星、电子侦察卫星和预警卫星以外，通信卫星、测地卫星、导航卫星、海洋监视卫星、气象卫星都具有军事应用价值，它们可以算得上是“兼职间谍卫星”。在海湾战争中，多国部队动用了至少32颗卫星，以上各类卫星均曾参战。

其实，无论是海湾战争，还是科索沃危机，只要国际上有重大事件发生,出事地的太空都有成批的“间谍卫星”在“斗法”。目前,各国已发射了上百颗“间谍”在太空,毫不夸张地说,我们生活的地球,每一寸土地每时每刻都被这些家伙们监视着!

“杀　手”

军事卫星神通广大,“千里眼”、“顺风耳”、“神算子”应有尽有,可是,道高一尺,魔高一丈,还有专治孙猴子的如来佛呢!

这如来佛不是别的,就是各种专打卫星的“杀手”。早在20世纪六七十年代,美国的军事专家们就认为苏联在“宇宙”系列卫星中藏有秘密武器,或许是一种反卫星卫星,是为了摧毁敌国卫星的卫星。1975年,美国的两颗卫星运行至苏联的西伯利亚上空,莫名其妙地坠毁,美国人认为这肯定是苏联人做了手脚。后来查清,苏联从1967年开始研制部分轨道轰炸卫星,以“宇宙”号系列观测卫星为幌子,连续进行过15次试验。这种部分轨道轰炸卫星由运载火箭发射,进入空间轨道绕地球运行。这种卫星其实只是一个长为2米、直径为1米的核弹头。进入轨道后,在极短的时间内可以自行寻到目标卫星,利用核爆炸的碎片和辐射的能量击毁敌人。因为它没飞完一圈就完成轰炸任务,所以被叫做部分轨道轰炸卫星。

美国当然不甘落后,随后和苏联展开激烈竞争。美、苏两国又先后研制出太空雷、激光弹,可以炸毁、烧蚀目标卫星。此外,还研制出拦截卫星和圆滚子反卫星轨道武器。

拦截卫星是由运载火箭发射进入地球轨道的,但与部分轨道轰炸卫星不同,它进入轨道后可以绕地球飞行一圈以上,伺机进行攻击。它可以发射导弹,发射粒子束,也可以发射核武器。拦截卫星的轨道一般比目标卫星高,居高临下,虎视眈眈。一旦需要拦截就立即切人目标卫星的轨道，进行迎头拦截或是尾追攻击。

圆滚子反卫星轨道武器是一个长30厘米、直径20厘米的圆筒，进入轨道后，利用头部仪器寻找目标卫星的热辐射，然后高速撞向“敌星”与之同归于尽。

美国的航天飞机也是此中独家武器，可以在太空直接捉拿敌方卫星。经过多次空间试验，在航天飞机上，宇航员操纵机械臂可以一下子把轨道上的卫星抓住擒回敞开舱。可以想象，将来两军对战，拥有航天飞机的国家可以利用这种手段一一收拾敌方卫星，让对方成为聋子、瞎子。考虑到各种危险，现在的军事卫星上都设有自毁装置。一旦“被俘”，立即“自杀”，不成功便成仁。所以，专家们预料，将来用航天飞机去捕捉敌人卫星是很危险的。

总之，随着高科技的发展，军事卫星的“杀手”会更多，更厉害，攻击与自卫的较量也会更加激烈。

资源卫星商战酣

目前，资源卫星可以说是“三雄”鼎立，哪三雄?法国的“斯波特”资源卫星系列、美国的“陆地卫星”系列，还有印度的遥感卫星系列。

美国的“陆地卫星”是老牌明星。1972年美国发射了第一颗资源卫星“陆地卫星”1号，是试验型的第一代，随后发射了“陆地卫星”4号、5号，是实用型的第二代。1993年又发射了第三代“陆地卫星”6号，没想到半途失踪，渺无音讯。

法国的“斯波特”虽然比美国的“陆地卫星”晚了十几年，但也算得上是“大腕”明星。法国自1982年发射了“斯波特”1号以来，至今已发射了3颗。“斯波特”3号1993年发射，1996年突然半途夭折,弄得法国人十分痛心。1999年3月23日,法国又发射了“斯波特”4号,总算是重振了雄风。

“斯波特”4号可以说是目前最先进的资源卫星,装有两台高分辨率可见光相机,还增加了一个被称为植被仪的遥感器。可以监测全球农作物和天然植物的生长变化,还可以为海洋、渔业、地质等提供服务。

印度的遥感卫星异军突起。目前在服役的遥感卫星—IC、ID,采用的是世界上先进的技术,分辨率比“陆地卫星”6号还要好,和“斯波特”4号差不多。它拍摄的图片质量和美国、法国的一样,可是在价格上却便宜得多。因此,不仅美国、日本的一些公司纷纷购买。经济实力不强的第三世界国家更是看好它。

资源卫星的实用价值很高,图像可分辨3万多平方公里,地下的“宝物”能寻到,地面的景物也一览无余。美国的陆地卫星就曾在苏格兰找到过古罗马人的要塞,在英国找到过古罗马凯撒大帝入侵英国时留下的古城堡,还找到过被莽莽森林覆盖着的金碧辉煌的地下宫殿……。资源卫星上载的遥感仪甚至还可以对空中的某些小行星进行探测。要知道,这些小行星有的可是空中宝珠呵!科学家们发现了一颗绕近地轨道运行的固体小行星上,蕴藏着大约10万吨的白金、1万吨的黄金和数10亿吨的铁和镍,总价值达上万亿美元。所有这些具有丰富矿藏资源的小行星,已成为人类将来开发和利用的大宝库。为此。美国宇航局已成立了一个星际资源开发利用中心,专门进行太空资源勘探。

当今,人类对自然资源的要求量日益增加,而资源卫星省力、省钱、省事。所以,除美国、法国、印度之外,日本、俄罗斯、加拿大和中国也在积极研制。中国拟于今年发射一颗自己研制的资源卫星——“资源”1号。

美、法、印三国的资源卫星正在进行一场投有硝烟的商业大战!

卫星发射争奇斗艳

20世纪50年代末，苏美发射人造卫星的时候，其他国家多认为这是超级大国的特权，一般国家拿不出经费来研制发射卫星的大型火箭。

因此，英国、加拿大、意大利等国都采用本国研制卫星，由美国发射的办法。

第一个这样做的是英国。1962年4月26日，美国的霄神—德尔它”火箭从美国的卡纳维拉尔角发射了英国研制的“羚羊”1号卫星，卫星重60公斤。

接着，1962年9月28日加拿大研制的观测卫星“百灵鸟”1号，用“霄神—阿吉纳B”火箭从美国的范登堡空军基地发射。卫星重140公斤。

1964年和1967年，意大利用美国的“侦察兵”火箭，由在美国受过训的意大利人将自行研制的“圣马科”1号和“圣马科”2号卫星发射升空，测定赤道上空大气的密度。

1965年，法国也和美国合作，用美国的“侦察兵”火箭将“法兰西”1号卫星发射入轨，卫星重60公斤。

接着澳大利亚也用美国的“斯巴达—红石”火箭发射了本国制造的“武器研究”1号卫星。

联帮德国在1969年11月7日用美国的“侦察兵”火箭发射了本国制造的“阿祖尔”卫星；1970年3月10日，用法国的“钻石旷火箭发射了“代阿尔”号卫星。

以上不厌其烦地列出各国的合作情况，稍微仔细看一遍，便可发现：其实各国使用的火箭基本上都是美国的。然而，弹指一挥间，经过几十年的研究发展，现在已不是美国的一花独放，而是美国、欧洲、中国、俄罗斯的争奇斗艳了。

美国目前使用的是“德尔它”火箭。该火箭是苏美太空竞赛时期的产物。1957年前苏联将第一颗人造卫星送上天后，美国立即着手在空军中程弹道导弹“雷神”的基础上研制“德尔它”火箭，目的是尽快把美国的卫星送上天空。1960年8月12日，“德尔他”不负众望，把“回声”1号卫星送上了天。从此，“德尔他”火箭便开始充当美国宇航局的“搬运夫”，在此后的24年里，发射了各种卫星上天。航天飞机出世后，“德尔它”火箭生产线不得不在1984年关闭。1986年，“挑战者”号航天飞机发生大爆炸，“德尔它”火箭得以重新发射。

重返发射舞台的是“德尔它”2号火箭，由麦道公司在原有型号的基础上改进制造的，发射的成功率为98%。该火箭具有一箭多星技术，1997年，首次进行一箭5星发射，为摩托罗拉公司部署了5颗“铱”卫星，之后8次将40颗“铱星”送入轨道。它还承担了劳拉公司“全球星”移动电话系统卫星的发射任务。

麦道公司并入波音公司以后，波音公司自筹资金，又研制了“德尔他”3号火箭。它能发射重量2500～3500公斤的大型静止轨道通讯卫星。但是，首次发射便遭失败。1997年1月17日，发射美国空军的GPS卫星又出现星箭大爆炸，这对波音公司是一次沉重的打击。

有“欧洲之光”美称的“阿里安”火箭，初出茅庐就一鸣惊人。1984年8月一箭双星发射了两枚地球同步通信卫星，这类卫星属重量级，一般火箭是发射不了的，因此“阿里安”火箭荣耀一时。

“阿里安”火箭是由欧洲宇航局的10多个参加国联合研制的，是欧洲现代高科技的结晶。该火箭目前已发展到“阿里安5”型，发射成功率也达98%，因此，欧空局曾充满自信地宜称：“阿里安5”火箭发射卫星失败，用户可享受免费重发一次的待遇。没想到1996年6月4日，“阿里安5”火箭从法属圭亚那库鲁航天发射场首次发射，只上升了半分钟就化作了缕缕云烟。

中国的“长征”火箭在国际上也是大名鼎鼎，把中国第一颗卫星“东方红”1号送上太空的火箭叫“长征”1号。是中国的第一枚多级运载火箭。从1976年到1991年，“长征”2号把12颗返回式卫星送上了天。1990年4月7日，“长征”3号为香港卫星通信有限公司成功地发射了“亚州”1号通信卫星。7月16日，“长征”2号捆绑式火箭（长二捆）把一颗澳大利亚模拟通信卫星和一颗巴基斯坦的科学实验卫星准确送入太空轨道。1992年又送了一颗澳星上天，事实说明：中国可以发射与美国航天飞机发射重量相当的各种商业卫星。

俄罗斯的“质子”号火箭也是老牌火箭，苏联曾多次用一枚火箭发射8颗卫星。摩托罗拉公司的66颗“铱”卫星，就是由“德尔它”火箭（一箭双星），俄罗斯的“质子”火箭（一箭多星）和中国的“长征火箭（一箭双星、一箭3星）分批发射任务的。

“东方红”1号

中华卫星路完全是一条独立自主，自力更生的路。1957年，苏联第一颗人造卫星上天后，1958年5月17日，毛泽东在八大二次会议上以伟人的气魄，说：“我们也要搞人造卫星”。经过航天人十几年的艰苦研制，1970年4月24日，终于成功地发射了我国第一颗人造地球卫星“东方红”1号。

“东方红”1号，重173公斤，与苏联、美国、法国、日本的第一颗卫星相比，我国的卫星比四国的总和还要重。在技术方案和设计指标等方面都比较先进。达到了周总理要求的“上得去、抓得住、看得见、听得到。”

“东方红”1号能经过地球绝大部分国家和地区，人们在地面上用肉眼就能够看到。科研人员研制出的先进跟踪手段可以准确捕捉到卫星的运行轨道，事先预报。卫星上还能连续播放《东方红》乐曲，而这之前的卫星只能发出“哔扑——哔扑”的电讯信号。

“东方红”1号卫星的发射成功，表明我国已经掌握了运载火箭发射、入轨、跟踪等尖端科学技术，也说明了我国在发射卫星与跟踪测量设备上已进入了世界先进行列。

1971年3月3日，我国又发射了“实践”1号科学试验卫星。“实践”1号的设计寿命为1年，可是却运行到1979年6月才坠落。1987年9月20日，“实验”2号物理探测试验卫星连同“实践2号甲”和“实践2号乙”由“风暴”1号大型运载火箭一次送入太空，此次一箭3星的技术令世人刮目相看。

1975年，我国发射了第一颗返回式试验卫星，卫星按计划运行了3天后，顺利返回地面。回收卫星是一项难度很大的工作，何况还要在我国本土准确回收，技术上要比苏美复杂困难得多。我国是成为苏美之后第三个掌握回收卫星技术的国家。

到1992年，我国共发射了14颗返回式卫星，保持了100%的成功回收率。1987年的返回卫星上，还承揽了法国搭载的两个微重力试验装置、中国科学院的34件科学试验装置。这些“特殊旅客”都安全到“家”，试验都获得了成功。

1984年，我国首次发射静止轨道试验通信卫星，利用这颗卫星进行电视和广播节目传送、图片和文字传真、数据传输等应用，效果很满意。乌鲁木齐、拉萨、昆明通了电话，新疆、西藏、云南终于听到了广播，看到了电视。

1986年到1991年，又发射了5颗实用通信卫星。其中1颗为“东方红”2号，4颗为“东方红2号甲”，实现了全国通信，解决了军事通信、远洋舰船和测最船等的通信。同时，全国都能清晰地看到中央电视台的节目。

1988年9月7日,“长征”4号运载火箭成功地发射了我国第一颗太阳同步轨道气象卫星“风云”1号。1990年,又发射一颗“风云”1号。1997年,发射了更先进的“风云”2号气象卫星。

目前,我国已发射了科学观测卫星、通信卫星、气象卫星,低轨道返回式卫星,并拟于今年发射一颗陆地资源卫星。随后还将发射导航卫星、海洋资源卫星等各类实用卫星。我国目前生产和发射卫星的能力已达到了每年数颗。

今年10月1日,我国将进行首次载人飞行,这标志着我国的航天事业将从卫星上天进入下一阶段的星际探索和空间开发。

“小精灵”

1998年10月,美国发射了一颗和冰箱一样大小的小型卫星——“深空1号”。它将进入太空执行为期两年的探险任务。它要冒极大的风险从小行星的身旁掠过,还要更近地察看太阳系。

“深空1号”有两项技术是眼下的“绝活”。第一项是太阳能电推进(即离子推进)技术,航天迷们早就幻想由卫星、飞船、航天飞机这样的航天器自身提供动力,那样就会自由自在地飞往别的星系了。“深空1号”采用了离子发动机作为主要推进手段,它可以节省很多的燃料。它的第二项绝活是自主导航技术。过去卫星都是由地面控制的。现在它自已有了大脑,这也是一项了不起的创新。

“深空1号”如果一切顺利,美国宇航局打算从下个世纪一开始,每年发射10~15颗小卫星,它们的造价一般都低于2亿美元。“深空1号”计划的首席科学家马克·雷曼认为:以前搞的多是“大科学项目”,一干几十年,耗资几十亿美元,如哈勃望远镜计划,

1997年向土星发射的“卡西厄”探测器等。一旦失败，损失一艘探测器就是一项巨大的损失。如果发射小型卫星，1年发射12次，即使失败一、两次，损失也小多了。所以应该以“又快、又好、又省”的原则多发展小型探测器。

一般来说，小型卫星是指那些重量小于500千克的卫星，而这些卫星中不足100千克的微型卫星则被我们称之为“小精灵”。它们中有的甚至只有小鸟那么大小，全靠微电子和微机械技术武装。一块指甲盖大小的电子小片，就是“小精灵”的“脑袋”，它收到一个信号，就会像动物本能那样产生“抽搐”反应，用来控制卫星，传递信息。

这些“小精灵”可以成群结队地发射到太空中去，然后它们便各就各位，自己寻找最佳位置，不需要复杂的火箭系统发射入轨。定位后它们就去捕捉各种各样的信息，再用自带的小天线，把捕捉到的信息，像接力赛一样，从邻近的卫星传到下一颗卫星，最后由带有远距离天线的卫星把所有信息传回地球。

“小精灵”越采越受到科学家们的喜爱，在近10年发射的小型卫星中，有80%属于微型卫星。

1992年，美国发射的“跃进”号只有16千克，按计划到2000年，它将减到6千克，和中学生背的书包差不多重。这样小的卫星关键是各种仪器、设备要微小化。“跃进号”上的惯性测量装置只有0.3千克；计算机只有1.44克；激光雷达0.9千克；一架红外摄像机仅重1千克。因为这些高科技的成果，“跃进”号在性能上一点也不亚于大型卫星。

20世纪90年代开始不断涌现提供通信和网络服务的卫星星座，它们是由运行在低地球轨道（LEO）的小卫星构成。其中有66颗卫星的铱星（Iridium）、48颗卫星全球星（Globalstar）、28颗卫星的专注于货运监控的轨道通信（Orbcomm）。三个星座部署实施后，因亏损而都进行破产保护。另一个后发的规模更大的用于宽带的互联网接入服务840颗卫星的“泰利迪斯”(Teledesic)星座(后来调整为288颗卫星)，却并未实施就宣告撤消。

据报道，清华大学1999年发射一颗“小精灵”卫星。它高仅1.2米，重75公斤，用于太空研究、遥控、环境和灾害监测、民用特种通信、科普教育等领域，标志我国航天科技进入新的阶段，不仅高等学府能够搞航天攻关研究，而且能够研制出推动科技进步的新一代卫星。

三、载人飞跃

动物上天

苏联在历尽艰难,夺取了成功研制第一个人造地球卫星的荣誉以后,又日夜兼程,为夺取首先把人类送上太空的荣誉而全力以赴。

第一颗人造卫星每96分钟环绕地球一圈。人造卫星内有一台无线电发报机,向地球不停地发出“嘀——嘀——嘀”的信号。人造卫星是载人宇宙飞船的先导,因为太空对人类来说是个很神秘的地方,变化莫测,人类要真正进入太空必须首先解决许多难题。

一个月之后,1957年11月3日,苏联又发射了第二颗人造地球卫星,重量一下子增加到508公斤,内部安装了许多观测仪器,用来研究宇宙射线和太阳辐射。卫星呈锥形,增设了一个密封生物舱,舱内安放了一只小狗,名叫“莱卡”,目的是它用来验明生物是否能在宇宙空间生存。小狗身上连接着测量脉搏、呼吸、血压的医学仪器,通过无线电把数据送回地面。为了使密封舱空气保持新鲜,还安装了空气再生装置和处理小狗粪便的排泄装置。此外,舱里还设有一天3次的自动喂食装置,时间一到信号灯就亮,通知小狗用餐。

使人遗憾的是,由于当时卫星无法回收,“莱卡”在密封舱里生活了一个星期完成了全都试验任务后，只好让它服毒自杀，成了宇航飞行中的第一个牺牲者。当时还有西方的一些动物保护主义者，跑到当地的苏联外交机构集会抗议呢！

除了在卫星上用动物进行试验，苏联还在火箭上多次试验。1958年8月27日，一只大型火箭载着1600公斤重的仪器和两只小狗上升到450公里的高度。观测高空飞行对动物生理有什么影响，考察生命维护系统、着陆和救生系统的可靠性等。

试验表明，密封舱可以充分地保证其中气压、温度和相关成分的稳定。两只小狗在空中待了3个小时安全返回，返回时整个密封舱从火箭内弹出，然后小狗们乘着降落伞飘飘着陆。这种成功的回收方法以后一直被沿用到第一艘宇宙飞船上。

第二阶段利用小狗试验宇航服和紧急救生，有一次从高空把小狗弹出，一个多小时后小狗才降落地面。另一次将小狗从天上弹出后，故意到4公里高度时才打开降落伞，但是，令人惊奇的是，这些小狗落地后每次都欢蹦乱跳，没有什么异常。这就说明，动物穿上宇航服可以经受火箭起飞的超重、再入大气层和失重的严酷考验。专家们经过动物试验，制造出了适合人穿的宇航服。

1960年8月19日，苏联宇宙飞船2号顺利地将两只狗从空间轨道回收。第二年又连续两次进行了同样的试验。前苏联人的演习已近尾声，载人飞行就要开始了。

苏联先后总共用了40只狗和2只兔子试验空间飞行，其中有好多次失败，还有小狗在飞船上呕吐。但是，毕竟成功地完成了回收。

美国的动物上天试验比苏联开展得还早。从1948年开始，美国就用俘获德国的V-2火箭装入猴子和老鼠进行试验，一连4次惨遭失败，1只猴子死在发射途中，另3只在火箭落地时死了。一直到1951年美国才第一次成功地回收了1只猴子和11只老鼠。

以后又用猴子和老鼠试验了十几次。

1958年10月，美国搞了个与苏联抗衡的“水星”计划，要抢先把人送上太空。这个计划共进行了15次飞行试验，其中6次失败，2次载猴子、1次载猩猩亚轨道飞行成功。猩猩汉姆是经过特殊训练的，它能进行若干操纵动作。汉姆受到了和宇航员完全相同的待遇，由“红石”火箭把它和飞船送入高空后，它便自己操作，划了一个660公里的大圆弧，安全降落，再由直升飞机自水面提起，送到一艘登陆艇上。当救护人员打开舱门时，汉姆若无其事地两手交叉在胸前，兴奋得脸上一粒粒雀斑都在跳跃。然后，它步出座舱，接受慰问，啃食起一个鲜红的大苹果。

美国使用猩猩和猴子作试验，试验的数据更适合人。说明动物可以承受火箭起飞时高达十几倍的加速度的考验，失重也没有大的影响。经过空间飞行的老鼠，正常地生儿育女，没有什么不良的遗传现象。

动物上天为载人飞行提供了保证，于是人类毫不犹豫地踏上了空间征程。

加加林首闯太空

苏联在用动物进行太空飞行的同时，1960年，便从3000名候选人中选出第一批20名宇航员，进行失重、离心机和跳伞训练。在训练中，哪怕一丝丝疏忽，也会付出血的代价。1960年3月23日，邦达连科在充满纯氧的暗室紧张地进行训练，间歇中，他用酒精棉擦完身上固定过传感器的部位后，随手将酒精棉扔到了一块电极板上，立即引起大火，使他严重烧伤，10小时后死亡。这次事故并没有让苏联人放慢载人飞行的步伐。3月25日又发射了“东方号”飞船，上面载有模拟人，这次发射成功地返回。于是，苏联人在4月3日做出了载人飞行的决定,并于4月8日指定加加林第一个进入太空。

据说,赫鲁晓夫指示第一个飞向宇宙的必须是俄罗斯人,所以乌克兰人季托夫才成了替补飞行员。其实,还有一个原因,按惯例,试飞员应该由总设计师指定。总设计师科罗廖夫一年前就看好加加林了。当时,科罗廖夫到宇航员训练队展示他的“东方”号飞船。加加林两眼闪现着兴奋的光芒,一阵风似的跑向“东方”号,第一个钻进飞船座舱,久久不愿离去。加加林的激情,麻利的动作以及擦得发亮的整洁的黑皮鞋,都没有逃过总设计师敏锐的眼睛。科罗廖夫心里就认定了他。

1961年4月12日清晨,位于苏联哈萨克共和国的拜科努尔空间发射场上,矗立着高大的多级火箭。尤利·加加林头戴宇航盔、身着桔黄色宇航服仰卧在火箭顶端“东方”号宇宙飞船的座椅上,接受最后的检查。

此时,地下室里数不清的各色灯泡闪闪发光,这里是飞船发射指挥中心,总设计师和国家宇航委员会的成员正通过潜望镜注视着发射台上巨大的火箭。

7时12分,科罗廖夫开始通信检查。

“雪松,我是朝霞,听见了吗?”科罗廖夫呼叫加加林。”很清楚!舱内一切正常,我感觉良好,准备起飞。”

“请检查密闭服!”过了片刻,加加林报告:“密闭服检查完毕。

接下来“朝霞”定时呼叫“雪松”,通知“发射准备正常”。

8时41分,加加林略带幽默地问道:“根据仪器记录,我的心脏还跳吗?“朝霞”回答:“脉搏64次,呼吸24次。”

科罗廖夫示意助手打开计时器,然后说:“尤里,还有最后6分钟,不要紧张。”

“明白,我现在很平静。”

9点零7分，指挥所发出指令："升空!"

随着震耳欲聋的巨响，巨大的火箭抖动了一下，拖着耀眼的火柱，慢慢离开发射架，笔直地向高空飞去。

火箭穿过大气层后，保护"东方"号宇宙飞船的锥形头罩被抛掉。"整流罩已经抛掉。我看见了地球上空的云彩。真美啊!"加加林的声音使人们紧张的心情平静下来。

飞船进入预定轨道后，加加林进入一个奇异的世界。周围的一切都处于失重状态，只要一失手，笔记本就会从手上飘走，但是仍能够在笔记本上熟练地做记录。看来，失重对人类的影响并不大。他不停地监视各种仪表和向舷窗外观察。舷宙外，一片漆熏，群星像钻石一样发出耀眼的光芒，太阳比熔化状的金属还要刺眼，比地球上观察到的要亮一百倍以上。

不久，飞船进入地球的阴影部分，整个太空黑成一团。半个小时后，太阳再次照到舷窗上，这时飞船飞临南美洲上空，加加林迎来了一天中的第2次黎明。这时，地平线上是一条橙色环带，紧接着他的上空又扩展成为天蓝色、蓝色、紫色……简直像五彩续纷的虹霓。

10时25分，加加林完成了环绕地球一周的飞行，制动火箭的开关自动打开，把飞船推向地球，在强大的地球引力作用下，沿着圆弧形轨道下降。

飞船一进入稠密的大气层，开始呈现浅玫瑰色，继而鲜红、深红，最后变为紫红色。飞船像一只火球在燃烧。但由于飞船有可靠的绝热层，所以座舱内的温度仍保持在20℃以下。

当地面指挥所向飞船发出降落指令后，科罗廖夫立即从拜克努尔给在皮宗达的赫鲁晓夫打电话，由于通话信号很弱，他不得不紧贴话筒大声喊："降落伞打开了，宇航员正在着陆，飞船看来一切正常!"赫鲁晓夫也在喊："活着吗?有信号吗?活着吗?"

这时飞船正降到数千米的高空，橙色的回收降落伞张开着，然后备用伞也张开了。10时55分，“东方”号宇宙飞船降落在预定地点萨拉托夫州的一块田野里，被弹出座舱的加加林随即也飘飘而下。加加林对迎接他的人们说：“地球是篮色的。”

当时年仅27岁的加加林，在世界载人飞行史上写下了光辉的一页。后来国际宇航协会把4月12日这一天定为空间日。

“水星计划”

加加林征服太空的消息传到美国，美国人再次震惊不已。肯尼迪总统在记者招待会上说：“看到苏联在太空方面比我们领先一步，再没有人比我更泄气的了……加加林的飞行终止了人是否能在太空生存的争论。”

于是，美国宇航局立刻颁布“水星计划”的第一次载人亚轨道飞行日程。经过“自由钟7号”飞船像炮弹一样直上直下的简单试飞以后，在加加林首闯太空10个月后，1962年2月20日，美国也进行了第一次载人轨道飞行，完成这一神圣使命的是40岁的勇士——约翰·格林。

格林原是一位海军战斗机的试飞员，因为年龄偏大，又没有大学文凭，所以没有报考宇航员的资格，但是他勇敢、有毅力、有能力，被慧眼选中。经过两年多的艰苦训练，又被选中担任这次飞行的驾驶员。由于天气条件恶劣，火箭或飞船老是出故障，飞行被延期10次，格林也经受了10次的精神煎熬。2月20日清晨，终于可以升空飞行了。

“太空人格林已经进入太空船……”三家电视电台开始向全国进行广播。这时，在卡纳维拉尔角的航天中心海滩上，有6万人正注视着“友谊7号”飞船。随着发射前的倒数计数声“……四、

三、二、……一……零，”“大力神”火箭狂吼着冲向天空。

几秒钟后，在自动控制下，火箭向东北方向转动。发射后40秒，火箭与空气作用达到最剧烈的程度。不久，助推火箭按时灭火并与主火箭分离，飞船冲出大气层，然后火箭与飞船脱离。飞船进入运行轨道。

在绕地球第一圈飞行时，飞船内的温控系统发生故障，舱内温度升列40℃。第二圈时，飞船开始发生向西边甩的现象，显然是自动驾驶仪发生了问题，格林便改由手动操纵飞行。在飞行第三圈时，一个不幸的消息又传到他耳里，控制中心的测航仪器忽然传出警报：“友谊7号”扁平头部的隔热层壳体松动，如果飞船返航进入大气层时防热壳脱落，他将葬身火海。

这个警报使地面控制中心的工作人员焦急万分，他们立即进行研究，试图找出挽救的办法。最后决定：当飞船头部的反射火箭射出之后，保留位于头部中心的箭座。

这个意外，对格林来说是一个生死攸关的考验，还剩9秒钟飞船就要冲入大气层。格林极其冷静地集中精力操纵飞船返航。不久，他就看见飞船的窗口飞过了一个东西，他认为也许是防热壳脱落了。这时，正好与地面的通讯也中断了。这时候好揪心哪！

可是，奇迹出现了，飞船没有爆炸，而是稳稳地下降，2点43分，“友谊7号”带着火焰溅落在大西洋海面。3点零1分，格林和飞船被捞上航空母舰。肯尼迪总统立即和格林通话，祝贺他飞行成功。华盛顿举行了规模盛大的庆祝游行，格林成了美国的太空英雄。

格林首次轨道飞行成功，美国的下一个目标：登上月球，把苏联人摔倒在月球上。

第一个女宇航员

1963年6月，苏联准备进行第三次太空编队飞行试验，由“东方5号”的飞行员贝科夫斯基和“东方6号”的飞行员，第一位女宇航员捷列斯科娃来完成。

赫鲁晓夫为了在美国人面前再争一个第一，出了个主意，把妇女送入太空。

捷列斯科娃出生农家，高中毕业后先后在轮胎厂和纺织厂当女工。但是她天生酷爱跳伞运动，1962年以前，她就完成了130次跳伞，是名优秀的跳伞运动员。

加加林成为太空英雄以后，捷列斯科娃和其他姑娘一样，对加加林十分崇拜。她和跳伞俱乐部的女友们一起给苏共中央写了一封信，要求参加祖国的载人航天事业。

1962年，捷列斯科娃终于如愿以偿，被选中当上了一名女宇航员，接受严格的训练。

加加林和季托夫两次太空飞行以后，科罗廖夫为首的总设计师委员会决定着手准备多昼夜太空飞行。计划用两只飞船在太空编队飞行，试验掌握飞船的会合、对接技术。这样就可以组成轨道上的空间站，人可以在站里长时间生活和研究，可以用“货船”定期从地球上把资源源源不断地运进站。这种大胆的想法具有深远的意义。

1962年8月12日“东方3号”进入预定轨道，8月12日“东方4号”也进入轨道，两只飞船结伴飞行。15日先后返回地面。前者飞行94小时，后者飞行了71小时。

有了这次成功的经验，苏联人再接再厉，1963年6月由“东方5号”和“东方6号”进行第三次太空编队飞行。

这项飞行还出了好几个小插曲。一开始因为试验台上一个飞船定向系统出了故障，飞行延期。接着，又因为有报告说太阳耀斑和太阳辐射强度太高，飞船不宜飞行，只好再延期。6月14日，“东方5号”一切准备就绪，又出了故障，飞行员闷在飞船舱里等了5个小时才接到了准备发射的命令。

发射升空后，“东方5号”顺利入轨。两昼夜后，6月16日，“东方6号”载着第一位女宇航员飞向预定轨道。

两只飞船在贝科夫斯基和捷列斯科娃的操纵下，沿着接近的两条轨道飞行。他们有条不紊地进行科学试验和观测，拍摄太阳、地球照片……

6月19日，两艘飞船分别返回地球，贝科夫斯基飞行了5天，捷列斯科娃飞行了3天。

捷列斯科娃的多昼夜太空飞行，证明妇女也能在太空生活、工作，她像赫鲁晓夫所希望的那样，为前苏联的太空事业夺得了又一个“第一”。

1962年8月，她与“东方3号”的飞行员尼古拉耶夫结成夫妻，组成了世界上第一个宇航员家庭，后来生了个可爱的儿子。

为了纪念她的功绩，前苏联将月球背面的一个环形山命名为“捷列斯科娃山”。

一天迎来17次日出

1961年4月12日，加加林首闯太空，安全降落，整个指挥所一片欢腾，人们相互拥抱接吻祝贺。总设计师科罗廖夫大声喊：“先不要接吻，还有工作在等着我们，全体准备飞往古比雪夫！”

科罗廖夫认为加加林沿地球轨道只飞行了一周，应该赶快进行第二次载人太空飞行。

第二次太空飞行究竟以多长时间为宜？大家有不同看法。许多科学家坚持认为，人飞在宇宙中的时间，只能逐渐增加，第二次飞行不应超过3圈。科罗廖夫主张第二次飞行应当向前跨进一大步，飞行一昼夜，因为他认为小狗“莱卡”就曾在太空舱里生活了一星期。国家宇航委员会最后决定，同意科罗廖夫的提议，由季托夫完成一昼夜的太空飞行。

1961年8月6日清晨，在同一个拜克努尔宇宙发射场，迎着初升的朝阳，“东方2号”发射前的准备工作已经就绪。与“东方1号”相比，考虑到飞行时间的延长，飞船内的设备作了调整，细致地检验了生命保障系统。

9时整，“东方2号”飞船按时升空。

不久，季托夫进入了失重状态，他觉得周围像死一样的寂静，自己脚朝上，头向下悬着飞行。后来，当他检查飞船设备工作情况时，突然感到头向左右摆动起来，头昏眼花，简直集中不起精神。人们后来就把这种失重状态下的头部反应称为“季托夫病”或“宇宙病”，研究出了解决的方法。

与加加林的首次飞行不同，季托夫自己驾驶飞船，不用自动驾驶仪。他还用摄像机，第一次从轨道上拍摄太空、地球和月面。

飞行了两个多小时后，他开始和地面同步午餐。食品都是特制的，有肉饼、面包、腊肠巧克力、水果、汤，季托夫觉得味口不错。午餐后，他让飞船自动驾驶，自己午休。午休后照常进行体育锻炼。晚餐后开始睡觉。这一切都被地面严密监测着。有的科学家还担心他在失重状态下睡着了能不能醒过来。比预定起床时间只迟了十几分钟，一切正常，季托夫觉得精力充沛。飞到第16圈，季托夫接到返航指令。他很顺利地从飞船中弹射出来，在萨拉托夫州红角村不远的田野上安全着落。

季托夫在加加林之后又一次创下了太空飞行奇迹。地球上一昼夜只能遇到一次日出，季托夫在轨道上飞行了17圈，每一圈遇到一次日出的奇景，17圈迎来了17次绚丽的朝霞。

人类首次太空行走

至1963年6月，苏联共发射了6艘“东方”号载人飞船。不仅验证了运载火箭、飞船的可靠性，考察了人在太空的感受和工作能力，还试验了两艘飞船的编队飞行。

美国也在加紧研制载人飞船。1958年10月，同样载1个人的“水星”计划开始实施。当时，加加林首闯太空的消息传到美国，美国人震惊不已。美国总统肯尼迪发表讲话说：“看到苏联在太空方面比我们领先一步，再没有人比我更泄气的了。”1961年5月5日，离加加林上天不到一个月，美国人急急忙忙发射了水星飞船“自由钟7号”，载着宇航员谢泼德完成了首次亚轨道飞行。这次飞行不是绕地球轨道飞行，而是像炮弹那样作轨道飞行，几乎是直上直下，美国人戏称是“跳冰棍”。1962年2月，“友谊7号”载着宇航员格林终于成功地在轨道上飞行了3圈，共5个小时。同时，美国人开始实施载两个人的“双子星座”飞船计划，要超过苏联人。

前苏联当时正在设计新一代的飞船“联盟号”，美国1964年4月“双子星座”发射成功，迫使科罗廖夫放下“联盟”号飞船系统的方案研究，根据前苏联当局的决定，开始“上升”号飞船计划。这一计划的主要任务是发射3人飞船，同时考查宇航员之间的配合能力，并试验舱外活动的能力，以便在载人太空飞行中再夺第一。

“上升”号飞船是“东方”号的改进型，主要改进有三项：一是为了能挤进3名宇航员，把能去掉的舱内设备都去掉了，甚至连宇航员的宇航服也脱掉了。二是增加了反推火箭。原来宇航员是坐在座椅上从舱内弹出，打开降落伞着陆的。现在舱内的座椅被精简了，宇航员怎么着落呢?科罗廖夫绞尽脑汁，使飞船接近地面时，飞船上数枚小的固体火箭自动点火，进一步减慢飞船的下降速度，飞船接触地面时的速度为零，这样就实现了飞船的软着陆。三是增加了用于宇航员进行出舱活动的气闸通道。这一装置在飞船入轨后充分展开，气闸通道内舱门打开，宇航员通过气闸通道离开飞船。宇航员返回座舱后，气闸通道就被抛掉。这几项改进使飞船比原先的“东方”号重了近1吨。

1964年10月6日，“上升”号飞船进行了无人飞行试验。10月12日，“上升1号”飞船首次载人飞行，乘载了3名宇航员。由于3个人挤在舱里，又没有穿宇航服，救生装置也被精简了，所以飞行时间不能长。结果飞行了24小时17分钟后平安着落。

1965年2月22日，“上升2号”飞船又进行了一次不载人试验飞行，主要是试验出舱气闸通道。但飞船在与火箭上面级分离时开始震颤，并在进入第三圈飞行时爆炸。

1965年3月17日深夜，科罗廖夫来到宇航员的住地，因为第二天“东方2号”飞船要进行载人飞行试验。他亲切地询问宇航员的感觉如何。然后说：“你们应该知道。在‘上升2号’之前曾造过一艘带有出舱气闸通道及其他设施的试验飞船。这艘无人驾驶飞船被送人轨道后爆炸了。”停了很长一段时间，他又说：“现在美国人正准备用‘双子星座，飞船进行宇航员走出飞船进入太空的试验。一旦他们取得成功，而我们依然发射一艘无人驾驶飞船，将意味着我们远远落在美国之后……”最后，他说：“我决心冒一次险!作为父辈，我很清楚自己在冒什么险。但是，作为一名工程师，我深知百分之百把握是不存在的，因为这样的技术设备还没有制造出来。不过我确信，我们定能成功!”

3月18日清晨，科罗廖夫亲自把别利亚耶夫和列昂诺大送到火箭旁。一切准备就绪后，“东方2号”飞船顺利发射升空。飞船进入轨道2小时以后，步入太空按计划开始了。列昂诺夫外出到太空的情景将由电视向全世界播放。

列昂诺夫脱离飞船，在太空飘飘忽忽地飞着。他的身上有一根系绳与飞船相连。“人外出到宇宙空间啦!”他快乐地喊出了在地面上规定好的这句话。人们从电视上看到他随着飞行的飞船，在太空中双手划动着。接着，他开始对地球和星际空间拍摄。时间一分一秒地过去，12分钟以后，突然，在他耳边响起严厉的命令：“廖沙!时间到!”

列昂诺夫靠收短防护绳靠近了飞船，但是要返回座舱却非常困难。臂和腿都不能弯曲，他不得不冒险将宇航服内的压力减小，免得它们老像个气球。但是腿仍然弯不进舱，不得已他先将头部进入气闸舱，然后设法在气闸舱翻转身，把外舱门关上。他做的每一个动作，前进每一厘米，都要付出令人难以置信的努力和代价。他在气闸舱内停留了11分钟。这次舱外活动使他体重减轻了6千克。

一项最为复杂的飞行试验成功了。3月19日，飞船接到执行返回地球的指令。突然，意外情况发生了。由于地面发给飞船的降落指令没有被飞船接受，制动火箭没能点火。这时候，如果舱内有一点火星，邢将引发火灾和爆炸。宇航员们不由自主地紧张起来，但是，他们很快镇静下来，开始将各种仪表上的指数记下来，他们认识到万一有意外，这些宝贵的资料对今后有用处。

正在这千钧一发的时刻，解除密封阀门启动了。顿时，飞船出现翻转现象，自动制导系统出现故障，飞船无法定向，这意味着飞船回不了地球。两位宇航员焦急地向地面汇报：“降落指令未通。”科罗廖夫果断地命令他们动手操纵飞船返回地球。由于两位宇航员手控不精确，3日19日12时零2分，“上升2号”飞船的返回舱降落在乌拉尔山东北180公里原始森林厚厚的积雪中，偏离原定着陆点3900公里。两位宇航员爬出舱口，莽莽林海，茫茫霄原，也不知身在何处。

先是一架搜索直升机找到他们，给他们投下了防寒服。科罗廖夫接着又派去一架米-1直升机，伐木工人为直升机开辟着陆区，用了整整一夜时间。3月20日，直升机载着两位英雄返回到拜克努尔航天发射场。国家宇航委员会的成员已在这里等侯多时。

3月27日，苏联科学院和外交部，在莫斯科大学举行了记者招待会，这里各国记者云集。列昂诺夫作了非常精彩的报告，受到热烈的欢迎。

到此，苏联的“上升”计划宣布结束。

6月3日，美国宇航员怀特首次离开“双子星座”飞船，进行了20分钟太空行走。这离列昂诺夫的太空行走还不到3个月。

“阿波罗”登月计划

苏联人在载人飞行的太空竞赛中屡屡胜利。同时，他们又雄心勃勃地把目标对准了月球。1959年，一年中先后向月球发射了三次无人探测器。“月球1号”从高空掠过月球，“月球2号”命中月球表面，“月球3号”拍到了大量的月球背面的照片，并根据这些独家照片绘制了月球背面的地图。一连串的迹象表明：“苏联人要登月了!”

美国人知道在载人飞行上短时间里不大可能赶超苏联，美国宇航局于1960年发表了一份名为“阿波罗”的计划，提出了以登月为奋斗目标的设想。1961年元月，肯尼迪上任，新总统年轻气盛，决心在登月上领先苏联，雪洗耻辱。5月25日，美国宣布，要在10年内把人送上月球，并且平安地返回地面。

但是究竟用什么办法才能把人送上月球呢?在肯尼迪宣布“阿波罗”计划后的几个月，宇航局讨论了三种方法。

第一种方法是"直接登月"。就是使用大型火箭,径直飞往月球,直接着陆;第二种方法是"地球轨道会合"。就是把宇宙飞船分成几部分,分别发射到地球轨道上,由宇航员把它们组装起来,奔向月球;第三种方法是"月球轨道会合"。就是飞船从环绕月球的轨道上发出一艘月艇,使它在月面上软着陆,宇航员完成月面任务之后,乘月艇返回轨道和飞船对接后,弃置登月舱,乘飞船返回地球。打个比喻,这就好像大轮船在海洋中派出小艇去执行靠码头的任务,任务完成后再回到大渡船是一样的道理。可谓匠心独运。

这三种方法每一种都有危险,第一种没有这么大推力的大箭,要研制成功需要许多年,而且,这么大的火箭也无法带上月球,返回地球没指望。第二种在地球轨道里组装飞船,技术难度太高,即使组装成功也太重。第三种万一月艇和飞船对接不上,宇航员就永远回不了家。经过专家们的辩论,宇航局于1962年7月11日,终于决定采用第三种办法,因为它花钱少,有可能在总统限期内完成登月计划。

飞行的方式一经决定,相应地,火箭的大小,发射场址和规模,飞船的形式和结构等也随之确定。

还有很多准备工作要做。月球距地球38万公里,往返航程七、八天,人要在太空生活这么久,有危险吗?人上月球是否安全?月球表面是什么样子?月艇在何处能够着陆?宇航员能如意地进行工作吗?能安全返回地球吗?要解决这么多问题,宇航局动用了大批人力物力,循序渐进、步步为营,实施了一系列的计划。

(1)加紧实施"水星"和"双子星座"两个载人飞行计划。美国先后有14次载人飞行,最长时间14天。虽然有时险象环生,但是终于掌握了飞船的会合和对接技术,收集到人在太空里的各种数据,证明了人在太空可以较长时间地生活,并能够做好各种工作。

(2)着意实施了"徘徊者"、勘测者"和"月球轨道飞行器"三个无人探测计划。"徘徊者"计划又称"游骑兵"计划。"游骑兵"九闯月宫,1961年至1964年,发射了6次,有的半途而废,有的功亏一篑,都失败了。第七次、八次、九次获得了成功,"游骑兵"在月面硬着陆,拍回了4366幅电视图像,发回13000多张照片,证明月面有许多平滑的地方可容飞船降落。1966年5月到1968年1月,美国又加速实施了"勘测者"计划,发射了五艘探测器在月面软着陆,分析了岩石和土壤,发回了五万多张照片,"证实飞船在月面上降落不会深陷下去,在月面行走不需要穿雪鞋。"1966年8月到1967年5月,美国人还同时发射了5艘"月球轨道飞行器",以各种轨道绕月飞行,通过点和面结合探测,绘制出精确的月图。到1967年底,选出了5个最有希望的登陆点。

(3)设计了"土星1号"试验火箭。先进行试射"阿波罗"飞船登月用的运载火箭是"土星5号",该火箭高85.69米,直径10米,有三百多万个零件,单价成本4.5亿美元,光研制费就花了211个亿,如果稍有不慎,就会船毁人亡。所以,宇航局决定先造个小一点的火箭试射。1966年2月试射成功,"阿波罗"飞船顺利射入地球轨道,证明飞船性能可靠。

以上这些计划的实施和成功,花费了无数人的心血,得到全体美国人的关注,参加的科学家、工程师就有43000人,仅1966年,直接工作人员就达42万人。前后参加的主要公司达两万家,大学约120个,人员400万,花了250亿美元。到1966年底,一切都还算顺利,登月可以进行彩排了。

没想到,1967年1月27日,当"土星1B-阿波罗4A"进行地面彩排时,却发生了一场令人震惊的惨剧。三位宇航员正在座舱里进行模拟试验,突然舱内起火了,宇航员们叫喊,呻吟,里外无法打开密封门,18秒钟后,这三位经验丰富的宇航员被大火活活烧死。

悲剧发生以后，1500多名专家和技术人员对飞船进行了全面的检查。发现事故的原因是静电火花：飞船舱内装的不是普通空气而是纯氧；另外，打开密封门需要1分半钟，发生事故后无法逃生。专家们立刻着手将密封门改进到开闭只需7秒钟。

这场大火，并没有烧掉美国人登月的信心，“征服太空是值得冒生命危险的”。他们把日程推迟了1年左右，用这段时间来改进设计，完善计划。1968年他们又充满信心地恢复了“阿波罗”计划，去实现“把苏联人摔倒在月球上”的誓言和梦想。

"阿波罗"登月记

1969年7月16日清晨，美国佛罗里达州的肯尼迪航天中心一片繁忙。一艘洁白的庞然大物——“阿波罗11号”宇宙飞船就要起飞了。从各地涌来的观众有150多万，加上3500名记者，将各个看台围得水泄不通，连发射场附近的巴纳纳河也聚集了几百艘船艇。在电视机前等待观看实况的世界各地电视观众大约有5亿人。举世瞩目着这一历史时刻的到来。

9时32分，“阿波罗11号”点火升空，发射台上立即发出震耳欲聋的轰隆巨响。“土星5”徐徐离开了发射架，它的尾部喷射出熊熊火焰和棕黑色的浓烟。9秒钟后，红色支架松开了巨臂，火箭拖着几百米长的火舌冲向天空，巨大的火舌就像太阳光一样耀眼。两分半钟后，飞船到达65公里高空，抛掉了燃尽燃料的第一级火箭。第二级火箭点火继续推着飞船加速。第二级火箭共装了5台发动机，每秒钟要吞食15吨推进剂，储箱里的推进剂就像小河水一样地流出。第二级火箭燃烧6分钟后也被抛弃，第三级火箭的第一台发动机又点火了。12分钟后，飞船进入环绕地球运转的圆形轨道。这时飞船上和休斯敦指挥中心同时检查了飞船的各种设备和工作情况。

“一切正常,向月球进发!”下午1时10分,飞船接到了地面指挥中心的命令。

第三级火箭再次点火喷射,以近4万公里的时速,告别了地球,飞往月宫。

通往月球的路程约38万公里,要飞75个小时。宇航员们在茫茫太空中孤孤单单,像沙丁鱼似的挤在座舱里。一切东西都处在失重状态,牙刷、小刀、茶杯,只要稍稍触动,就会飞起来。在这里,人不论躺着,坐着或者倒挂着都是一样,反正没有什么区别。宇航员共有3名,指令长是阿姆斯特朗,登月舱的驾驶员是奥尔德林,指令舱的驾驶员是柯林斯。他们三个人,一人操纵飞船,一人担任隙望,另一人来到摄像机前,表演了飘浮和倒立,并把它传送给地球上的观众,他们这时候特别惦记着地球的人们。后来,宇航员们又向地球发送了第一个电视节目。一个大而宽的蓝色球体突然闪现在电视机的屏幕上“地球是蓝色的,多么壮丽啊!”人们纷纷惊叹着。这样看到自己居住的球体,感觉也特别亲切。地球上的陆地、海洋、太阳照射地球的阴影都十分清晰,历历在目。

20日午夜,柯林斯留在指令舱里,其他两人进入登月舱,双方挥手告别。柯林斯的指令舱继续绕月飞行,等待登月舱完成任务后再回飞船。

登月舱逐渐减建,飞到距着陆点只有8公里处,靠自动导航仪滑翔下降。突然,宇航员发现着陆点不对,这里有无数巨大的岩块。大家紧张极了,脉搏一分钟跳150多下,宇航员后来报告说:“自动驾驶仪几乎把我们带进一个足球场大小的喷火口中间,它是一块相当于两个喷火口大小,由无数大石块围成的地方。为了找到一个满意的着陆地点,就需要控制和用手工操作,飞越过这一石块区。”事实上，当时他们正是通过改用手控操纵，增加马力飞越了这个石块区。

21日5时17，分，有惊无险，阿姆斯特朗操纵着蜘蛛状的登月舱，在“静海”的一个月坑旁降落，登月舱的四条腿终于触及了月球表面，软着陆成功。

休斯敦地面控制中心里的几百名工作人员，顿时沸腾起来，欢呼、鼓掌，热泪盈眶。委内瑞拉和巴西的教堂响彻着庆贺的钟声。

沉睡了几十亿年的月球世界万古荒原迎来了它的第一批客人。人，来了！

阿姆斯特朗第一个爬出登月舱的舱门，他穿着21层的白色宇宙服，背着氧气瓶和各种仪器，小心翼翼、一步一歇地走下登月舱的舷梯，舷梯一共有九级，他走了整整3分钟，因为月球上只有地球三分之一的重力，宇航员一下子难以适应。这时候正值地球西半球的夜间，但是等在电视机前的千百万人，仍然全神贯注地观看着将要揭开的“月宫”奥秘。

当阿姆斯特朗的右脚踏上月球表面时，他发现，覆盖在月球表面的灰尘原来只有几厘米厚，自己的脚印看上去很清晰。并不像人们原先担心的那样，也许会使登月舱倾覆。他轻松地缓缓气，不由地向世界宣告：“对一个人来说，这是一小步，对人类来说这是迈了一大步。”这就是人类在月球上的第一句话。

紧接着，奥尔德林也踏上月球，他的任务首先是月球上跑步，从电视上看去，他好像在那儿弹跳，就像一头顽皮的大羚羊。地面控制中心观看的人忍不住跺着脚欢呼起来。医生们也觉得意外，他们没想到人在月球上会活动得这么自由自在。

阿姆斯特朗也跟着跳了几跳，然后招呼奥尔德林一起去举行纪念碑揭幕仪式，然后他宣读文告：

“公元1969年7月，地球人首次踏足月球，我们是代表全人类来作一次和平旅行的。”

关于这段文告历来还有不同的说法。有文章说，当时卫星直播就在宣读文告时突然中断了4分30秒钟。事后，美国官方解释说是出了“技术故障”。究竟出了什么事？人们一直猜测了好多年，一直到20年后，才有人讲出内幕。原来，五角大楼欲借登月声明把月球划归美国版图。没想到“到月球就看见远处许多UFO列队注视着阿波罗登月舱”，登月者这才战战兢兢，改口说是“为和平而来”。

这种说法不是官方之言，正史所载也无法考证，传统的说法仍然是阿姆斯特朗宣读文告。

接着，他们两人赶紧采集月面土壤岩石样品，挖取了46磅月岩和表土，拍摄照片，并把太阳风收集器的铝制“窗帘”支起。然后竖起国旗，又到较远的地方去安放月震仪和激光测距仪。前者是测试、记录月球震动的；后者是用激光束往返地球，精确测量月球和地球之间距离的。他们所以要到远离登月舱的地方安装这些仪器，是因为怕登月舱返航时，火箭发动机喷出的废气损害仪器。月震仪的灵敏度非常高，宇航员走一步，它都能测出来。激光测距仪还能测出月球的大小、形状、内部成分和月球的运动呢！

做完了这些工作，地面控制中心通知他们“还有3分钟”。阿姆斯特朗提醒奥尔德林留下些纪念物。他们将一个“阿波罗11号”的臂章、一枚金质橄榄枝、还有73个国家首脑题词刻着“来自地球”字样的金属牌和悼念逝世宇航员、刻着他们名字的纪念章，一齐放到月面的沙土上。

宇航员回到登月舱，太累了！吃不香睡不着，“香肠味道好像咸纸板，杂果饮料味道好像石灰水。”第二天下午1时54分，地面指挥中心通知他们登月舱起飞时间到，这时，他们突然发现上升引擎电路自动断路器的小塑胶栓不知去向!疲惫不堪的两个人急出了一身汗,没有了这个小东西,登月舱就无法起飞。肯定是先前出舱门时不小心碰断的,怎么办呢?急中生智,用毡头笔插入孔口轻轻戳两下,仪表板灯光亮起来。电路接通了!好险啦!两人松口气,咧开嘴笑了。

登月舱起飞以后,速度快得惊人,因为月球的引力小。4小时后,登月舱与柯林斯的指令舱顺利会合。不久,登月舱被抛掉,让它自由飞走!"你们正在回家"控制中心的喊声传到3个人的耳中无比亲切,47小时没有睡觉的阿姆斯特朗和奥尔德林一下了就进入了梦乡!

3小时后一觉醒来,见地球已从一个发亮的圆碟变成一个蓝色的大球,月球越来越小。他们兴致勃勃地向地球播送了一个逗趣的插曲,把水珠洒在半空,再用嘴把飘着的水珠捞回来!

飞船进入大气层以后,开始减速,这时出现了第三次意外,原定的降落地点上空有雷电,控制中心要他们改在海上降落。当时海浪高达5米,飞船降到7000米高度时,三顶橙、白两色的大降落伞张开,片刻之后,飞船坠进海里。"大黄蜂号"航空母舰迅速赶到,用机械把他们吊起来接到舰上。

舰长塞伯里奇正在舰上为来自155家电视电台和报社的记者们举行招待会,尼克松总统正站在飞机和直升机群中的一个扩音器前致欢迎辞,等宇航员们接受完检疫,就会接见他们。

人类的第一次登月旅行历时8天多,带回来三四十公斤的月球"土产",科学家们正等着分析研究!

"阿波罗13号"

1970年4月11日,"阿波罗13号"从肯尼迪航天中心发射,开始第三次向月球飞行。飞船载有3名宇航员，指令长詹姆士·洛弗尔和弗雷德，海斯、约翰·斯威加特。当时，美国人刚刚经历过“阿波罗11号”登月成功的狂喜，“阿波罗12号”在5个月前也顺利登上月球。所以，这次“阿波罗13号”的登月飞行没有引起人们太大的兴趣。飞船发射后，休斯敦地面指挥中心只有少数几个人在工作，几位新闻记者正躺在沙发上等着抓新闻，发消息。甚至飞船在发射前测试时就发现了2号贮氧箱出口管有问题，结果虽然作了检查，但对它的隐患并没有引起注意。

谁知，4月13日下午9时零7分，飞船在离地球大约30万公里的时候，突然，一声巨响，2号贮氧箱就像一颗定时炸弹爆炸了，引起1号贮氧箱失控，服务舱被撕开了一个大口子，氧气全跑光了，舱内压力降到了零，电气和水的供给全都丧失。

“出事了!我们遇到麻烦了!”宇航员向地面报告。

这时，宇航员们看到飞船的舷窗外有气体冒出来，爆炸的碎片也飘过来，爆炸引起的漏气又使飞船失去平衡，不断滚动、头部下沉，宇航员们的处境十分危急。

地面指挥中心接到出事信号以后，惊魂稍定，立刻召集专家进行营救。顷刻间，便有1万名科学家、宇航员、工程师和其他技术人员参加这次营救工作。科学家们当机立断，命令宇航员们控制住飞船，立即追回地球。可是，返航是十分困难的，以往的教训说明在太空发生火灾，生还几乎是没有希望的。现在，“阿波罗13号”只有靠科学家们的精心计划和宇航员们的智慧和勇敢采创造奇迹，稍有不慎，就有可能被月球吸引过去，永远围绕月球旋转，成为千古遗恨。

飞船是由指令舱、服务舱和登月舱3个舱段组成。科学家们考虑到登月舱里有氧气、燃料和食物，于是发出第二个命令：进入登月舱。

起飞之前，人们纪念品登月舱起名叫“宝瓶座”。这时，宇航员从指令舱通过密封通道艰难地爬到“宝瓶座”中，由于它太小，其中一名宇航员只好躺在通道中间。靠着“宝瓶座”的发动机，他们成功地纠正了飞船的运行方向，向着地球返航。

根据地面指示，机组开始搬运服务舱上的氢氧化锂箱，净化“宝瓶座”中的空气，否则，他们会被自己呼出的二氧化碳窒息。15日下午2时23分，登月舱下面段的2号电池爆炸，引起一阵电力中断，靠剩下的3个电池增加供电才渡过了难关。后来，登月舱的氦箱又猝然爆炸，因为小发动机不断点火产生的热导致了氦箱压力升高。

飞船在无边际的太空中艰难地运行着，飞船里的水、氧气和热量越来越少，宇航员们身上发冷，奄奄一息，全靠着“宝瓶座”救命伴航!

逐渐接近地球了，17日7时15分，宇航员遵照命令抛掉了服务舱，在这之前它一直保护着指令舱和“宝瓶座”。10时43分，登月舱脱离。“再见啦!‘宝瓶座!’谢谢你!”洛弗尔深情地喊了一句，看着它飘向天际。

12时零7分，指令舱溅落在太平洋上。

“阿波罗13号”登月失败了。但是它仍然是人类航天史上的一次伟大的成功。它证明:在太空中人不是无能为力的!

1994年，美国人将这段历险拍成影片，片名叫《“阿波罗13”——一场与时间竞争的比赛》。影片内容采用的全是真人真事。剧组租用KC-135飞机制造出长达54分钟的失重状态，还模拟出贮氧箱爆炸以及后来的情景，场面十分惊险，扣人心弦，惊险程度不输于巨片《生死时速》。

影片的结尾，导演还用高科技再现了当年激动人心的一幕:海面上，一架直升机正将“阿波罗13”上的宇航英雄们从海里捞起……

六访月宫

“阿波罗11号”宇宙飞船登月成功后，美国又连续成功地进行了5次登月飞行，先后有12位宇航员到过月球。

前几次，登月的宇航员们一到月面，首先就急急忙忙地采集样品，他们担心万一发生什么故障，免得两手空空地回去。从“阿波罗15号”开始，专家们设计出一种月球车，让宇航员们带上月面使用。这下可方便多了，月球车是用电池开动的小车，模样像辆越野车，开动起来非常灵活、轻巧，月球车上还装有自动电视摄像机，任何经历都被它忠实地保留在画面里。

到了“阿波罗17号”登月时，月球车更先进了。宇航员们不用下车，车上的先进设备就可以帮助他们直接采样，月球车可以行驶90公里呢!宇航员们乘着它想到哪就去哪。当然，除了采样，这些飞行，还安排了许多项科学实验活动。至此，人类对月球已有了较详细的了解，也留下了一些未解的谜。

宇航员们在一座很深的火山口旁，找到了一种蓝灰色结晶岩。后来分析，这是月球初生年代留下来的，它证明月球已有46亿岁了。月球是怎么诞生的?历来有好几种猜测：一是炸出说，认为是在一个黄道吉日里生出来的；二是孪生说，认为月球和地球是双胞胎同时诞生的；三是母子说，认为月球是从地球上甩下来的；四是俘获说，认为月球原是来自别的星系，被地球抓住成了俘虏；五是同源说，认为两者都是宇宙尘埃生成的。宇航员们带回的蓝灰色结晶岩，证明月球的年龄与地球差不多。这样就否定了母子说，不可能是地球甩下来的，而有可能是和地球在同一境遇下，同时产生的!

月表异常坚硬，宇航员们普通反映：“在月球采岩，越往下越硬。”在月球的正面，太阳阴影的部分叫月海，“月海”是因为它的面积大,占月球正面的1/4,其实一点水也没有。月海十分平坦但是坚硬如钢,科学家们怀疑月海是熔岩之海,这一怀疑也是根据登月者带回的岩石、土壤样品分析的。这些样品中含有许多色彩鲜艳的玻璃小珠,经过化学分析,认为它们可能是高温下产生的火成岩。而火成岩是由熔岩凝固而形成的。

宇航员们还发现了55种矿物,其中6种竟然是地球上没有的。制造宇宙飞船,人造卫星的主体原料如锆、铬、铰、钇,地球上十分稀少和昂贵,可是在月球上呢?简直遍地都有,俯拾皆是。此外,地球上所有的化学元素,在月球上全部找到了!

月球的正面与背面截然不同。正面主要是月海和高山大川,还有高原;背面密密麻麻排列着数以千计的环形山。这些环形山不仅整齐有序,而且底部平坦深浅一致。你说奇怪不奇怪?

有人认为这些环形山是陨石撞击的,月面岩石被这些"宇宙导弹"撞击后发生爆炸,爆炸的热量致使岩石熔化,凝固后会成为火成岩。

有些科学家认为,如果这些环形山是殒星砸成的,那么它的底部不应该那么浅,他们认为环形山是火山爆发的结果。火山爆发时岩浆逆射,流向四面八方,形成了环形山壁,火山口。就成了环形山中间的盆地,岩浆凝固后则成了火成岩。

这两种说法一直没有达成一致的结论,至今还是一个谜。另外,还有至少两个问题也是个谜。

阿波罗登月任务之一是安放月震仪,月震仪放置以后,天文学家急切地盼望有陨石落到月球上,这样就可以测量到月震了。皇天不负有心人,1972年5月13日,真的有巨大陨石撞击月面,要知道这种概率只有百万分之一啊!可是,月震仪却显示:月内没有纵波。后来,"阿波罗14号"登月故意用上升段撞击月面,月球竟然连续震动了3个小时,专家们感叹:"月球就像一面铜鼓!"

阿波罗6次登月还有一个任务，希望能在月面找到洞穴，进入月内。可是始终没能如愿。

尽管美国人六访月宫，但是月球对人类来说，仍然是一个神秘莫测、知之甚少的星球。

月球奇境

宇航员们六次登上月球，他们看到的、感受到的月宫到底是个什么样子呢?

踏上月面的刹那间，他们便惊异地发现，这儿原来是一个完全寂静的世界，一点声音也没有，其实这是因为月球上没有空气，没有空气的传播作用，因而听不见任何的声音。

除了寂静，还有荒凉，月球已经沉睡了46亿年，它没有水，没有空气，更没有生命，举目远眺，看见的只是火山口和岩石块，所谓的静海、雨海和澄海都只是满布月坑的平原。

由于没有空气，月球上也就没有千变万化的气象。灿烂的朝日，绚丽的晚霞，美丽的彩虹都没有；也没有风霜雨雪，四季交替。这儿要整整一个月才能看见一次日出和日落，一次漫漫长夜要连续14天。月球自转和绕地球转一周，要相当地球上30天的时间，真是月宫一日，地上一月呢!月球上的温差大得惊人，长夜温度下降到零下183℃，白昼因为阳光连绵照射，温度又会上升到127℃。月球的昼夜就是这样一成不变地循环，根本用不着天气预报。

月球上没有大气层，没有光线的漫射和反射。所以在月球上看到的一切东西，都黑白分明，阳光照到的地方，令人眼花；阳光照不到处，漆黑无光。即使是白天，也看不到蓝天白云。在14天的长夜里，仰望天空，整个天穹一片漆黑。天上也有星星，可是这些星星没有了灵气，呆呆地挂在那儿不眨眼睛。月球上最壮丽的景象就是地球。地球高悬在天顶中央，看上去比太阳还大，发出耀眼的白色和蓝色的光芒。月球上看地球，也有盈亏现象，有时是一个大圆盘，有时也会是“小船弯弯”。月球上看到的“地光”很亮，即使是黑夜，月球上也照样能借光阅读书报，进行工作。

还有，月球的引力只有地球引力的六分之一，人只要轻轻一跳，就会跳得很高。

根据月球的这些状况，科学家们一直在研究如何去开发利用。比方说，月球是一个真空环境，如果设置一架直径为25米的光学望远镜就不会受到任何干扰，它观察的范围会大100倍，清晰度要高10倍。是一个非常理想的观察宇宙的场所。又如：已查明月球土壤中蕴藏着大量的钛铁矿，如果对其进行减热和分离处理，不仅可以生产出可以供人呼吸用的氧气，还可以生产出氢气，解决运输燃料问题。

还有人设想，月球的土壤里含有各种矿物质，可以利用来种植庄稼……

尽管月宫没有嫦娥、玉兔、桂树和美酒，沉寂荒凉，但是，人类会改变它，美国在登月之后的下一个目标会是什么呢？

阿波罗宇航服

读了《月球奇境》，你们便知道月球上没有空气，没有水，气候奇特，昼夜温差大，不是冷得像冰窖，就是热得像蒸笼；而且还会有天外的小陨石和宇宙尘高速撞击月面。这样的环境，人要在上面进行科学考察，那是太恶劣了，几乎是不可能的。

人类凭着自己的勇敢和智慧，把不可能变成了可能。阿波罗计划首先解决了用“土星5”多级火箭作运载工具，接着又设计出复杂精巧的宇航飞船，还有其他一系列的必要装备。这些装备中最为精致,最引人关注的便是立下大功的阿波罗宇航服。

1969年7月,“阿波罗11号”宇宙飞船第一次把人类送上月球,世界为之轰动,许多媒体对阿波罗宇航服也进行了各种猜测。可是,你知道当时宇航员身上穿的21层的白色宇航服是谁设计的吗?它是美国休斯敦约翰逊太空中心的华人科学家唐鑫源博士发明的。他发明的这种“贝他太空衣”,不变形、不腐烂、不燃烧,且质地轻软。1989年,在美国庆祝登月20周年的纪念活动中,唐鑫源被选入“太空科技名人堂”;1991年,他又获得了美国航空航天局颁发的‘太空实践奖”。

唐鑫源追忆当年“阿波罗11号”宇航员穿着他发明的太空衣登上月球时说:当时我真的忍不住流下泪来,那种滋味委实终生难忘。

提起阿波罗宇航服,首先要提到1967年1月的那次灾难。当时,“阿波罗4号”宇宙飞船进行地面演练,结果静电火花引起纯氧失火,座舱门打不开,3名宇航员不幸烧死在舱内。悲剧发生后,血的教训使专家们认识到:宇航服一定要防燃。

根据这一要求,唐博士选用了一种叫“贝他伦”的玻璃纤维作宇航服,它具有绝热、不导电、柔软等特点,所以阿波罗宇航服又叫“贝他太空衣”。消防队员穿上用它制作的防火服,外涂反射层后,可以在1000℃的火焰中穿行无阻。宇航服其他辅助材料,例如吊带和绳子,衬里的材料也都是防热、耐磨和轻质的。

阿波罗宇航服的外形像是潜水衣,它是由一身连衣裤,一个背包,一顶盔帽、一双套鞋和一副手套组成。共有82公斤重,不过因为月球引力小,在月球上只有13.6公斤,穿起来不会使人感到太劳累。

月面宇航服由21层布组成,最外面是耐热防尘层,不怕火,且可以抵御小陨石的撞击;中间是耐压层,可以保持宇航服内部压力维持压差；里面是液冷衣，它包着宇航员的躯干、四肢、手、脚，并把贴身的通有冷却水的泰根管固定住，使宇航员穿着舒适、耐热。

宇航服的腹部有氧气的出口和入口，有一根3厘米长管子和背上的氧气瓶连着。宇航服里还装有话筒和听筒，月球上没有空气传播声音，同伴之间的说话以及和地面的通信就靠它。另外，宇航服里还装有体温计和脉搏计的电板，可以使地面随时获知宇航员的身体状况。

舱外活动用的手套、盔形帽和月面活动靴的设计都匠心独运，具有各自的特殊功能。

阿波罗宇航服是人在月球上的最佳保护者，它为人类登月作出了不朽的贡献，它是华人科学家发明的，它也是我们中国人的骄傲!

苏联取消登月计划

苏联在发射人造地球卫星、载人飞行方面创造了一连串的航天奇迹后，又把眼光投向了月球。他们的登月计划第一步由“质子号”火箭发射飞船作环绕月球飞行。第二步是月球舱登月后再起飞与第一艘飞船会合，这一方案也是月球轨道交会法，和美国人的设想可谓是不谋而合，它与美国的区别只在于用两枚火箭发射两只飞船，两只飞船上都只有一名宇航员，登上月球的也只有一人。

从1959年起，苏联不断地向月球发射探测器，发回了许多有价值的月球资料，先后还有4个探测器完成环绕月球的飞行。为了使飞船能够在月面着陆，从20世纪60年代初起，科罗廖夫这位卓有远见的总设计师就提出研制大型登月火箭N-1。N-1运载火箭是一种通用的多用途组件式火箭，它的结构独特可靠，即使第一级火箭的两对发动机和第二级火箭的一对发动机失灵，也照样能飞。

因为种种原因，N–1火箭研制不顺利，但是科罗廖夫已经接近成功了。不幸的是1966年1月14日，才60岁的科罗廖夫，因为痔疮手术死在手术台上。正如许多空间科学观察家们认为的那样，随着科罗廖夫的去世，苏联的航天计划开始崩溃，而一系列的偶发事故最终导致了苏联登月计划的被取消。

在一系列的航天事故中最令人震惊的要数“联盟1号”飞船的爆炸。

“联盟1号”于1967年4月23日发射升空，宇航员是曾经乘“上升1号”的科马罗夫。按计划，“联盟2号”紧接着在第二天发射入轨。4月24日至26日之间，两艘飞船将在空中交会、对接。“联盟1号”飞行到第2圈时飞船上就出现了故障，飞船左侧太阳能电池板没有展开，飞船工作的总电流仅为正常值的一半。科马罗夫把飞船的左边朝向太阳，企图打开太阳能电池翼，但是没成功。后来他又几度努力均告失败。地面指挥中心的工程师们经过激烈的争论，在飞船飞行到第七圈时，命令其返回地面。同时决定中止“联盟2号”的发射计划。

科马罗夫根据地面指挥中心的指令，在第19圈时改用手控调整姿态返回地面。手动控制要求宇航员从地平线获得方位，但在飞船进入地球阴影时，不容易看到地平线，这种操作相当困难。科马罗夫是一位有经验的宇航员，他利用飞船上的陀螺，控制平衡，终于修正了飞船的位置。

可是，“联盟1号”飞船下降时没能打开降落伞，飞船着地后爆炸燃烧。在飞船残骸四周，人们挖掘了一个多小时，终于找到了科马罗夫的遗体，当地的居民曾听到过科马罗夫痛苦的尖叫声。

这是人类航天史上第一个在飞行中牺牲的宇航员。

"联盟1号"事故,使前苏联的登月计划受挫,航天活动因此中止了一年半。到1968年10'月,"联盟号"飞船才开始恢复飞行。

从1968年10月25日至1970年6月,苏联连续发射了"联盟2号"至"联盟9号"。完成了飞船的会合、对接、编队飞行等试验,取得了不少经验,苏联政府决定于1968年底实现登月。可是由于N-1火箭研制不顺利,直到1969年2月21日,才首次试飞。没想到火箭的尾舱着火,火箭发动机不得不在发射后关闭。第2次发射是1970年7月3日,火箭在发射台就爆炸了,毁坏了全套发射设备。1971年、1972年又发射了两次,均遭失败。

由于没有强力运载火箭,登月的一步之遥难以逾越。美国人登上月球以后,苏联人看到登月并没有太大的好处。当时"阿波罗计划"花了250亿美元,苏联人的投资只有十分之一,有人比喻为是一场乞丐和百万富翁之间的竞争。因此前苏联决定悄悄地取消登月计划,全力追求在地球轨道建设空间站。

当6枚N-1火箭被拆除时,许多为它们奉献了毕生年华的人掉下了悲伤的眼泪。

四、太空握手

“礼炮号”空间站

什么叫空间站呢?通俗的说就是天上的“活动房子”。它可以供人长期居住,也可以用于短期巡访。房子里面配备了许多必备的设备,能够保证科学家和宇航员正常的生活和工作。它在地球轨道上可以运行几年甚至几十年,然后再坠入大气层燃毁。平时,它依靠飞船或航天飞机运送补给货物,接送宇航员和科学家。

苏联是世界上第一个发射空间站的国家,登月计划流产以后,前苏联从实用利益出发,转向追求在地球轨道上建立空间站。

空间站的计划有名种各样的设想,空间站上可以有若干名科学家、技术人员长期逗留。他们可以从宇宙空间观察地球,进行天文学、天体物理学等方向的观测工作,他们直接观测云,气象预报会更加准确;观测海洋甚至可以把渔群的位置直接通报给渔船。

空间站装备有高性能的红外测定器,可以计量到地面的红外线,根据它的强弱可以判定地下的矿藏、水源和考古文物。

还考虑到在空间站建立工厂。利用空间的真空和失重状态可以生产许多地面无法制造的特种材料和药品。此外,还可以进行各种空间科学试验和进行军事侦察。

空间站还有一个重要的任务,为行星探索服务。成为前往其他星球的“太空中转站”。登上月球以后，人类的下一步目标将要登上火星、土星、飞出太阳系，举个例子，如果要到火星去，从地面发射探测器，要花几十亿美元。假如把探测器和设备先运到空间站装配，再向火星发射，费用就可以大大削减。另外，宇航员在空间站长期生活，可以锻炼他们的适应性，为以后的载人行星航行和向太空移民作准备。

1971年4月19日，苏联发射了人类第一个空间站“礼炮1号”。

“礼炮1号”重约19吨，长16米左右，最大直径4米多。有工作舱、过渡舱和服务舱3个部分，只有一个接口，条件比较简陋。

1971年4月23日，前苏联又发射了“联盟10号”飞船和“礼炮号”对接。飞船上有3名宇航员：船长沙达洛夫，飞行技师谢也夫，实验技师鲁卡维士尼科夫。“联盟10号”飞行了47小时46分钟后返回地球。这次飞行对接没有成功，据说是因为对接时，舱门没有打开，宇航员没能进入“礼炮号”。

6月6日，发射“联盟11号”再次去和“礼炮号”对接。这次的三位宇航员是船长多勃罗瓦里斯基、飞行技师沃尔科夫，实验技师巴察耶夫。6月7日，飞船和空间站顺利对接，三人移乘“礼炮号”。

对接后的“礼炮号”里比较宽敞，宇航员们在里面进行了一系列的实验逗留了23天，然后，关闭了空间站系统，返回“联盟11号”。接着，飞船和空间站脱离，随之漂移一段时间后，缓缓驶离。30日1时35分，船长点燃了制动火箭，飞船再入大气层，成功返航的希望就在眼前。这次航天将会创下多项记录：第一次实行3人同时航天；第一次进入空间站；当时在太空逗留的时间最长。他们将会成为英雄受到祖国和人民热烈的欢迎。

可是，飞船在大气层中按预定计划分离为3部分以后，宇航员和地面的无线电通讯突然中断。后来，飞船顺利地打开降落伞，在预定地点着陆。可是，当回收部队赶到，打开舱门一看，三位宇航员坐在椅子中，已经死了。回收队员们全都泪流满面，几小时以后，全国都沉浸在悲恸中。

据后来的调查报告说：飞船的舱门出现缝隙，45秒钟内里面的空气就完全跑光，3名宇航员因失压死亡。另有小道消息指出："联盟11号"原先设计只有两个座位，因苏联要和美国争创三人航天的纪录，硬在2个座位的座舱里塞下第三个座位，宇航员们只好穿着普通的毛纺制品，无法穿20多层的宇航服，结果出现意外无法自救，酿成了一场大悲剧。

由于这个大事故，苏联的空间站计划大幅度推迟，差不多用了2年时间改进和提高飞船的性能，把3人座改成了两人座。到1973年4月3日才重新发射了"礼炮2号"，结果失败了。

从1974年到1976年，苏联又连续发射了"礼炮3号"、"礼炮4号"和"礼炮5号"。通常把这一系列看成是苏联的第一代空间站。它们的规模简陋、居住空间小，设备简单，只有一个对接口，飞船每次都要带足给养。虽然有这些缺陷，但苏联在天上居住、工作和安排设施方面都积累了大量的经验。

1977年9月，苏联发射了"礼炮6号"，这是苏联的第二代空间站。具有两个对接口，可以同时停靠两只飞船。1982年"礼炮7号"替代了"礼炮6号"。"礼炮6号"和"礼炮7号"加起来，有11名长住乘客，有15名访问乘员，其中有19名外国宇航员，苏联人称这为"国际合作计划"。同时还创下了在空间站最长的工作记录237天。并且首次实现了在"礼炮7号"与"和平号"两座空间站之间旅行。

逗留太空一整年

1986年2月20日，苏联发射了“和平号”空间站，这是苏联的第三代空间站。

“和平号”空间站全长约13米，重21吨。最前端是一个球形对接舱，有5个对接口。中间两段是过渡舱和工作舱。尾部是不密封的推进舱，也有一个对接口。这6个对接口，可以同时对接6艘宇宙飞船，构成组合式的永久性空间站。

与过去的“礼炮号”空间站相比，“和平号”上的设备条件好多了。

“礼炮号”上只有一台计算机，“和平号”上有8台，可以自动管理各种设备和工作系统，还可以帮宇航员干很多烦人的“家务”活。

“和平号”就像家里一样的舒适。生活区域装备轻巧，每一位宇航员都有一个小单间，里面桌、椅、文件柜什么的一应俱全，还配有一个小睡袋，一个小窗。厨房、淋浴设备和运动器械都有，这样的环境可以提高工作效率。

“和平号”还能够通过数据中继卫星同地面保持联络。“礼炮号”可以与地面通讯15~20分钟，“和平号”可以达到40分钟。宇航员们在茫茫太空中通过它与地面的家人、朋友和同事联络、谈心。

还有一个小小的改进，显露出设计者的匠心。“和平号”的四壁都开了一些弦窗，好让宇航员随时眺望美丽的地球。

1987年4月23日，“和平号”空间站“量子号”天体物理实验舱，“进步29号”货船和“联盟TM-2号”飞船四个航天器在空间实现对接，多个舱体对接在一起联合飞行的景象无比壮观，这一壮举是苏联人在航天史上创下的又一个第一。

1987年12月23日，“联盟TM-4号”飞船与“和平号”对接。季托夫、马纳罗夫和列夫钦科3人进入空间站。6天以后，列夫钦科和另外2名宇航员乘飞船返回地面。季托夫、马纳罗夫在空间站里先后接待了9名宇航员，进行了20多项科学实验。例如，观察到棉花种子在空间生长结果，棉花纤维比地面上的棉花纤维要长一倍多。还勘测了阿富汗领土上的石油、天然气等矿产资源的分布状况。

季、马二人还两次走出舱外进行工作。第一次为“和平号”安装了第三块太阳能电池翼板，增加电力供应。第二次在舱外工作了4小时12分钟。

12月21日，季托夫、马纳罗夫和一位法国宇航员一起乘坐“联盟TM-6号”飞船返回地面，创下了新的航天记录，在太空逗留了整整366天。

苏联的“和平号”空间站是苏联人的骄傲，它在技术上比所有的国家都领先。可是，由于目前俄罗斯的政局不稳，经济困难。今年5月份俄罗斯政府宣布：“和平号”空间站每年需要的1.2亿美元，难以为继，今年经费只能维持到8月份，如果再找不到资金提供者，那么“和平号”将结束它的使命，在明年4月份退役。

天空实验室

美国发射的第一个空间站命名为“天空实验室”。它的使命是在绕地球的卫星轨道上飞行，进行各种科学实验。

美国人登上月球之后，有一个综合计划，空间站，载人月球基地、火星探测、航天飞机，样样都想搞，结果由于“阿波罗计划”花了不少钱，又在打越南战争，国库告紧。宇航局被迫选择优先发展航天飞机。

苏联的“礼炮号”上天后,美国人又着急了。赶快利用“阿波罗”登月计划的剩余设备,于1973年5月14日发射了临时性的空间站——“天空试验室”。

“天空实验室”是用“土星5号”火箭改装的。为了送“阿波罗”飞船登月,“土星5号”造的有25层楼那么高,共有三级。但是,把小型空间站送到地球轨道,只要第一、二级就够了。专家们就把第三级火箭改成了“天空实验室”,直径6.6米,长17.8米,重量是88吨。

美国的“天空实验室”条件显然要比苏联的第一代空间站“礼炮号”要好一点。它有作业室兼实验室,还有食堂、寝室、厕所等。作业室有空气调节装置,还有“自行车”。食堂里有电热装置,可以加热宇宙食品。寝室里的床是吊式的,上面有根布带把宇航员捆在床上,否则宇航员会飘浮起来。厕所里安装的是“气洗便池”。

“天空实验室”虽属小型的空间站,但它的尖端部分装有“多重对接装置”的圆筒,可以同时对接多艘“阿波罗”飞船。

“天空实验室”1973年5月14日从肯尼迪航天中心用“土星5号”火箭发射,10分钟后进入预定轨道。可是不久就发生了故障,先是外层的防护罩被撕掉,接着它两侧的翼形太阳能电池板一个提前张开后烧毁,另一个没打开,所以预定在5月14日的载人发射,延期了10天。

1973年5月28日,康拉德、克尔文和维兹三人乘坐“阿波罗”飞船升空,去追赶“天空实验室”,25日深夜与空间站对接。三人移乘“天空实验室”成为第一批进站的宇航员。克尔文是名医学博士,而康拉德是位经验丰富的老宇航员,他曾两次驾驶双子星座号飞船,是第三个在月球上散步的人。他们首先设法展开了剩下的一只太阳能电池板,还为空间站盖上了防热布。然后,他们作了医学实验等,拍摄了3万多张太阳观测照片和几千张地球观测照片。他们在空间站待了28天后返回地面。

第二批宇航员是7月28日进站的,逗留了59天,出舱活动近14小时,作了蜘蛛在失重状态下结网以及其他科学实验,据说观测蜘蛛如何在天上结网的计划是美国中学生提出的。

第三批宇航员是11月16日上天的,在空间站逗留了84天,出舱活动22小时,这两项记录在当时都很不了起。

"天空实验室"原计划用航天飞机把它推入更高轨道,延长它的寿命。可是航天飞机迟迟没有上天,它的轨道逐渐降低,于1979年7月11日进入大气层烧毁。它在宇宙空间运行了2249天,绕地球运行了34981周,航程达14亿多公里。

"天空实验室"的活动在天文学、地学、生物医学、技术工艺等方面都取得了丰硕的成果。宇航员们还获得了40000多张照片和大约72000米长的磁带,上面全是数据资料。

"天空实验室"还作了各种科学实验,并且还证明了人能够在空间生活相当长的时间。有趣的是,第三批宇航员到天上后都长高了5厘米,脊柱变长了,返回地面4天后又恢复到原来的高度。

英国的天文学家安德堡说:"天空实验室"所获得的科学成就确是惊人的"。美国前宇航局长弗莱则评论说:"它把空间活动从令人惊魄的壮举变成几乎是司空见惯的业务性日常工作"。它为从20世纪60年代的登月到80年代、90年代利用空间站造福人类有次序的过渡作出了贡献。

美苏太空握手

1975年7月18日,美国的"阿波罗"宇宙飞船和苏联的"联盟19号"飞船在大西洋上空实现了对接,两国的宇航员在太空第一次实现了真正的握手。

让我们来了解一下这一创举的背景:1961年4月12日,27岁的加加林乘坐“东方号”飞船，用了1小时48分环绕地球一周，成为第一个进入太空的人。

在这之后的几年里，苏联一直保持着领先的地位。受了刺激丢了面子的美国，奋起直追，花了几百亿美元搞“阿波罗计划”，到60年代中期情况有了根本的改变，1969年“阿波罗11号”成功地登上月球。终于奠定了航天大国的地位，这时，两国可算是势均力敌，美国似乎还稍占优势。

但是，从“阿波罗11号”登月以后，由于国库告紧，美国宇航局的一连串空间开发计划失去支持，像兔子一样向前冲击的美国，这时只好停下休息一会。

苏联原想着在登月上再创第一，可是总设计师科罗廖夫不幸去世，“N-1”火箭屡屡爆炸，登月成了一场梦，眼睁睁看着美国人扬眉吐气。苏联人放弃登月，默默地实行“空间站”计划。

此时的美苏两国，在航天领域的竞赛暂时趋于缓和，不见了“箭影火光”。为了打一次政治牌，双方决定搞一次太空合作。

1970年10月28日，美国宇航局和前苏联科学院缔结了一个“宇宙开发合作协定”。协定规定两国设计飞船和空间站时要统一规格，以便两国的飞船可以会合、对接。1972年5月24日，两国决定于1976年实现“阿波罗”和“联盟号”对接飞行。

这个计划后来提前实行。1975年7月15日，苏联的“联盟19号”发射升空，7小时以后，“阿波罗”也从美国发射入轨。7月18日两艘飞船在大西洋上空会合，开始对接。对接很顺利，“联盟号”上的宇航员列阿诺夫和古巴索夫打开舱门，伸出手和“阿波罗”飞船上的斯莱顿、斯塔福德、布兰德握手。这一历史画面传向地面，两国曾大肆宣传，说成是国际形势“缓和”的标志。

两艘飞船对接飞行了16小时47分钟，然后各自飞行，“联盟19号”飞行了142小时31分钟，在前苏联着陆。“阿波罗”号飞行了

217个小时，在南太平洋上溅落。

在这次联合飞行中，除了宇航员互访外，双方还共同完成了35项科学实验，其中人造月蚀，紫外线辐射吸收，多用途熔炉，辐射失重对真菌的培养和影响，宇航员对微生物的免疫力五项属于联合实验。

这次太空对接成功，是航天史上的奇迹之一，它的意义当然不仅是在打政治牌，如果哪一方的飞船发生了故障，另一方的飞船可以就近去实行对接营救，这就为宇航员们带来了福音。不过，美苏两国在“太空握手”之后，又互相抱怨，说是在先进技术交流中自己一方吃了亏。到底谁吃了亏，那就只有“天”知道了。

第一架航天飞机

自美苏两国“太空握手”之后，整个20世纪70年代，美国都没有再搞载人太空飞行，而是集中精力研制航天飞机。

1969年4月，美国宇航局正式成立了“航天飞机工作组”。1969年7月，航天飞机工作组确定了航天飞机的六项使命：空间站的勤务支援；投放和回收卫星，维修卫星；运输推进剂；向空间运送推进级和有效载荷；短时间的轨道飞行任务。1972年1月，当时美国总统尼克松宣布白宫大力支持航天飞机的研制计划。1976年航天飞机进入紧张的总装试验阶段，1981年4月首次试飞成功，震动了全世界。在世界范围内又一次掀起了“空间热”。

那么，美国为什么要优先研制航天飞机？它是个什么样子？它具有怎样的结构？有什么作用呢？让我们先来了解一下。

美国原来计划建立一个空间运输系统，包括航天飞机、空间拖船和一个大型积木式空间站三大部分。后来因为打越南战争等原因，没钱，就决定只搞航天飞机。这是根据航天飞机比较实用的特点决定的。

航天飞机有一个主要特点是“可重复使用”。它能像飞船一样垂直起飞,能像卫星一样绕地球轨道运行,还能像普通飞机一样水平着陆。估计可以重复使用100次。以前发射“阿波罗”飞船登月,飞船和火箭都只使用一次就丢弃了,一次就要花去一亿七千五百万美元。发射低轨道的人造卫星和载人飞船每次也要耗费好几千万美元。使用航天飞机可以大大降低费用。它的另一个重要特点是装的货多,可以一次把几十吨货定期送入地球轨道。此外,它还具有“太空旅游”的潜在价值,因为它和普通飞机乘坐的感觉差不多,将来人们就可以乘坐航天飞机往返于地面和太空,成为太空的“游客”。

航天飞机的设计方案有好多种,1976年才确定下来。它的外形类似于普通飞机,它竖立在发射台上的样子,就像一只银白色的大飞蛾爬在大树干上一样,它由机头、机身、机尾以及2个三角形机翼和垂直尾翼构成,与一架大型喷气式客机差不多大小。

机头部分是乘员舱,也叫座舱。通常可容纳三个宇航员和一至四个实验技术人员。机身部分是货舱,可装20~30吨货物。舱内装有机械臂,它可以伸展自如地把货物抛入轨道,把轨道上的货抓进舱,还可以释放,捕获卫星和飞船呢!机尾装3台主发动机,另有2个变轨发动机。这3台主动机推力大得很,它就像个“渴死鬼”,每秒钟“喝进”508公斤的推进剂液体。它是为航天飞机发射点火用的。尾翼和两个三角形机翼,可以使航天飞机在进入大气层后保持稳定、像普通飞机一样滑翔、着陆。

航天飞机进入大气层时与大气剧烈摩擦,要经受从-110℃到+1648℃的温度环境,这样的高温会使飞机的外壳融化。工程师们最后选用了一种可重复使用的高温防热瓦,它的绝热性能好得令人吃惊!0.5厘米厚的防热瓦,一面烧得通红,另一面用手摸竟然还是冰凉的。航天飞机外表共贴了3100块形状不同、重量不等的防热瓦。因为这种瓦实际上也是一种“砖”，所以，人们给航天飞机还起了个浑名叫“飞砖”。

航天飞机的机尾有3台主发动机，前面说过，每秒钟要“喝”508公斤推进剂液体，像河水一样的液体不能装在机身里，而是贮存在外挂燃料箱中，外挂燃料箱是航天飞机四大部件中最大的一个，有十几层楼那么高，可装700余吨推进剂。轨道器和两个固体火箭助推器都捆缚在它的背上。在航大 飞机的主要部件中，外挂燃料箱是唯一不回收的。它在航天飞机即将入轨前分离开去，然后掉在太平洋或者印度洋。

航天飞机还有两个固体火箭助推器，人称超级大力神。它和3台主发动机同时点火，使航天飞机腾空，经过115秒之后，大约在40公里的高度与航天飞机分离，借助降落伞降落在海面上，由专门的舰船回收，预计可以重复使用20次。

美国航天计划中第一架原型机被命名为“企业号”，编号101。1976年9月17日，被拖出了罗克威尔的帕玛戴尔总装大楼。“企业号”不进入空间轨道，只是进行着陆等一系列试验，1977年2月8日进行第一次不载人试飞。它被固定在波音747飞机身上隆隆升空。以后又进行了四次类似试飞，证明“企业号’具有良好的适航性能，到1977年6月22日，又进行了三次有人驾驶的飞行试验，结果都很理想。8月12日，“企业号”第一次放“单飞”，顺利地着陆在预定的湖床上。10月26日又进行了一次有人驾驶的自由飞行试验，并使用加利福尼亚爱德华兹空军基地的跑道完成了着陆试验，所有这些飞行和着陆试验表明，只需再进行一些小试验，航天飞机就可以进入太空飞行了。

“哥伦比亚号”

1981年4月12日清晨，耗资近200亿美元的航天飞机“哥伦比亚号”竖立在巨大的发射台上，准备开始它的处女航。

卡纳维拉尔角人山人海。飞行控制室外面的新闻席上，云集着来自美国各地和世界各国的记者和摄影师，发射场方圆几十公里，有上百万观众正在急切地等待着发射时刻的到来。

这次航行的宇航员是约翰·扬和克里平。当晨曦的第一线曙光出现在东方时，机舱就和外界完全隔绝了，他们无暇欣赏美丽的晨景，也顾不得人群的喧闹，他们正忙着各项检查，等着起飞，克里平的心跳每分钟130跳，他是第一次上天，而扬只有每分钟80跳，他已经是第5次经历航天飞行了。

当地时间7点正，一声巨响，航天飞机抖动了一下，徐徐起飞。成千上万的围观者们看到了一幅无比奇异的景色：腾空的速度比想象的快，尾部喷出的火舌是桔黄色，180米长，60米宽，烤得外挂燃料箱发出耀眼的白色光泽。长长的灰白色塔柱形烟雾一直拖到发射架。

起飞后2分钟，固体火箭助推器开始脱离，佛罗里达海滨观看的人群，清楚地看到两支像铅笔那么细的火箭从正在爬离的航天飞机上脱离开。5分钟后，火箭落入大西洋，然后被回收，留着以后再使用。

完成了上升过程，宇航员们立刻把外挂燃料箱甩掉，让它溅落在海洋里。他们认为要尽量避开澳洲大陆，因为那里的居民对1979年天空实验室的碎片雨一直心有余悸。发射后10分30秒左右，航天飞机开始调整轨道。20分钟后，又一次调整点火。“哥伦比亚号”终于进入了一个稳定而理想的运行轨道。

这时，克里平进行打开货舱大门的试验，这项试验很关键，目的是为了把舱内的大量余热散发到空间去,否则就要尽快返航。

两扇大门完全打开了,实况通过海底电缆送到美洲大陆,传到休斯敦控制中心。地面监视人员突然惊奇地发现:每个发动机外部都有几块防热瓦脱掉了。新闻记者和观众中立刻引起很大骚动。据传只要有一块防热瓦脱落,就会使哥伦比亚号返回时焚毁。后来,地面专家判断因为脱落是在发动机部位,不是机腹和机翼,情况不会那么严重,一场虚惊!

接着,宇航员们对各个系统进行了测试。然后,关上舱门,又经过两次变轨,开始踏上归途。

四架T-38歼击机立即从爱德华兹空军基地起飞,它们的任务是在12000米高空与“哥伦比亚”号会合,跟踪着它一直到降落,并且拍摄下所有的飞行情景。

“哥伦比亚号”进入大气层以后,进行了四次翻滚飞行。18时17分,飞抵基地上空,随即,在15500米高空发出了突破音障的两声巨响。

18时22分,航天飞机在干湖床上安全着陆,观众中爆发出一阵欢呼。电视记者立刻向观众报告说:“真是令人难以置信!一切都好像是在洛杉矶民用机场那样简单,可是要知道他们是从空间飞回来的啊!”

举世瞩目的“哥伦比亚号”处女航结束了,人们用彩旗和鲜花迎接两位勇敢的空间探险英雄,人类向着宇宙开发的宏伟目标又迈出了一大步。

得天独厚的商业应用

“哥伦比亚号”首航成功以后,又进行了四次试飞,结果都比较顺利。1982年11月11日,“哥伦比亚号”的第五次飞行是第一次商业飞行。将美国和加拿大的两颗通讯卫星带到空间，设放在300公里的轨道上，然后再用星上火箭，将卫星送入太平洋的赤道上空，与地球同步运转。推计算，用航天飞机发射一颗同步通讯卫星，仅需900万美元，只占火箭发射费用的四分之一。

航天飞机一旦投入商业应用，空间实验室必然会成为它的“大主顾”。1983年11月28日，“哥伦比亚号”第九次起飞。这次，它的货舱里正躺着欧洲空间局耗资近10亿美元，历经十几年研制成功的大型组合式空间站——“空间实验室1号”。

“空间实验室1号”上将进行由奥地利、比利时、法国、丹麦、原联邦德国、西班牙等14个国家提出的77项科学探测和试验，这些项目有宇宙生物学、宇宙医学、天文学、地球观测，空间加工等八个内容。其中美国也有15项，日本1项。

当今世界的科学前沿没有哪一项不跟“空间”有关，没有哪位科学家不想到空间实验室去作研究，申请在空间实验室进行试验的项目多得不计其数。所以，航天飞机的商业前景好得很!

美国的第三架航天飞机“发现号”的首次飞行也是一次商业飞行。它在头三天的飞行中每天发射一颗通信卫星，创造了三发三中和在一次发行中连续发射三颗卫星的纪录。美国总统里根为此还专为机组人员发了贺电。

“发现号”的这次飞行有6名宇航员，其中最引人注目的是查尔斯·沃克，他是麦克唐纳·道格拉斯公司的工程师。公司老板花了8万美元让他接受宇航训练，专门到天上去提炼一种“灵丹妙药”。到底是什么药呢?当然是绝对秘密。据各种猜测报道，它可能是一种激素，可以治疗地球上的绝症。航天飞机着陆后不到5小时，公司立刻从机上取出药品，派专机送给圣路易斯的生物专家，分装在10毫升的小瓶子里后，再空运到新泽西州的药物实验室，经过处理后开始在动物身上做试验。

“发现号”的飞行成功因此具有了不寻常的意义:它开创了空间商业化的新纪元,标志着大老板们也要进入太空“抢美元”了。

除了“哥伦比亚号”和“发现号”,美国还先后研制和发射了“挑战者号”、“阿特兰蒂斯号”和“奋进号”航天飞机。1986年1月“挑战者号”升空一分钟后自行爆炸,美国的航天事业受到一次严重挫折。经过2年多的事故调查分析。对航天飞机作了几百处改动。1988年4月,“发现号”重返太空,释放了一枚卫星,进行了11项科学试验。“奋进号”于1992年5月7日进行了首次飞行。3名宇航员徒手捕捉住了在轨道上翻滚的“国际通信卫星6号”。

通过一系列的飞行,美国宇航局认识到,航天飞机也有一些致命的弱点。它每次发射以后都要检修。它不可能像“普通飞机那样频繁使用”。这样一来,发射费用就比原先预算的要高不少。另一方面,世界各国各行各业用户的定货单在排着队,怎么解决这一矛盾,美国人正在伤脑筋。另外,除了俄罗斯,英、法、德、日等有经济实力的国家也在热衷于研制一种小型航天飞机。当航天飞行真的像普通飞机一样地进入商业应用,人类就会真正进入空间生活时代了!

国际宇宙空间站——历史的大转折

1995年6月29日,美国“阿特兰蒂斯”号航天飞机与俄罗斯的“和平”号空间站首次对接成功,并结伴飞行6天,两国的10位宇航员在“和平”号上握手言欢,合影留念,一起完成了28个实验项目。

美国航天飞机与俄罗斯空间站的首次对接成功,标志着美俄两国正在从空间对抗转向空间合作,同时,也标志着人类航天史正经历着一次历史的大转折。

20世纪60和70年代，为了抢先开辟飞往空间的通道，进而控制和利用空间，美苏两国竞相研制航天飞机和空间站。美国以发展航天飞机见长，从1981年到1995年，已造出5架航天飞机，作了69次飞行，其卓著功绩独霸天下。发展空间站也卓有成效，目前是空间站建设的“大哥大”。俄罗斯建立了“礼炮号”和“和平号”空间站，而且宇航员在空间的飞行时间已达443天，大大超过了科学家原先预定的一年飞行极限时间。

然而，美苏两国都不满足已取得的成绩，苏联在建立空间站的同时也在试制航天飞机，“暴风雪号”航天飞机于1988年升空。可前苏联解体后，至今未能再作进一步的载人飞行。美国则在1984年提出了建立永久性空间站的计划，旨在和前苏联的“和平”号空间站分庭抗礼。

1984年1月25日，美国总统里根正式批准建立永久性载人空间站，并要求宇航局在10年内花80亿美元建成。1985年宇航局提出初步方案，1986年底，美国国防部正式向美宇航局提出使用永久空间站的要求，主要是在空间进行有关“战略防御倡议”计划的军事研究，以便全面地试验载人航天的军事潜力。这表明美国的空间站将具有军用和民用的双重目的。

美国将永久性空间站命名为“自由号”空间站，邀请欧洲宇航局、日本和加拿大联合建造。各参与国与美国交换了备忘录，并将工作任务作了一个分工：空间站的实验舱由欧洲国家提供，往返空间站和地球之间的航天飞机上的机械手和建造空间站所需的机械手装置均由加拿大提供，日本则实施实验舱的设计，这样一来，“自由号”空间站就成了一个国际项目。

西欧和日本都没有掌握载人航天技术，他们都想通过与美国合作，尽快掌握各种轨道操作技术，如交会和对接、机器人和维修、装配大型结构等，同时还可使用美国的数据中继卫星系统以及地面测控设施。想得挺美!可是美国不会轻易同意,双方协商来协商去,几度出现僵局。难以达成一致意见。另外,由于技术和经济上的原因,“自由号”空间站的计划一直难以进展。

1992年,美国和俄罗斯关系缓和,俄罗斯决定正式参加“自由号”空间站计划。对此,科学家们认为,这样的联合可以充分利用各国已掌握的先进技术,可以缩短施工时间,大约可节约20亿美元的费用。科学家们还认为,这样的联合,不得不说是一次历史的大转折,进一步将有可能实现人类登上火星的愿望。美国政府也表示欢迎俄罗斯的参加。并因此把“自由号”改成了“阿尔法号’,后来又正式公布为“国际宇宙空间站”。

国际宇宙空间站的计划分为三个阶段。第一阶段是美国航天飞机与俄罗斯空间站对接,两国宇航员空中互访。

这项工作非常重要,实质上是一项必备的前期准备工作,因为两个航天器能否在空间对接,是的否解决空间运输的大问题。只有把这个解决好,才能从地面上把宇航员和物资送进空间站,才能确保宇航员去执行空中任务。

1993年这一工作便开始准备,1995年“阿特兰蒂斯”号航天飞机与“和平”号空间站终于首次实施对接。

1995年6月27日,“阿特兰蒂斯”号航天飞机离开美国肯尼迪航天中心39A发射台升空,经过3次轨道机动系统发动机点火,进入与“和平”号空间站相匹配的轨道。6月29日,“阿特兰蒂斯”准备对接,在它的对接系统中,采用的是俄罗斯制造的捕获环,宇航员们都知道,对接难度很大,必须非常严格谨慎,否则对接成为泡影,还会带来重大的灾难。下午1时,“阿特兰蒂斯”号飞越俄罗斯贝加尔湖东南部上空,指令长吉布逊用无线电通知休斯顿航天中心:“我们已经捕获到‘和平号’”。

接着,任务专家哈鲍将伸出去的捕获环(3.96米长)收进来,使航天飞机与“和平”号紧靠在一起,12个锁销自动拴到“和平”号对接装置的锁钩上,两个庞然大物联成一体,对接成功了!

1995年11月15日,“阿特兰蒂斯”号航天飞机与“和平”号空间站实施了第二次对接,过程更为精确,美国、俄罗斯、加拿大和德国的8名宇航员欢聚一“舱”。

从1996年3月至1997年5月,“阿特兰蒂斯”号与“和平”号又进行了5次成功的对接,分别作了各种实验装置的安装,还对双方的宇航服和使用工具进行了比较,以便改进。

国际宇宙空间站的第一阶段圆满结束,第二阶段随之开始,这一阶段是最为重要的阶段,即多国建造阶段。

空间站的建造方式是在地面上以舱为单元进行制造,然后将一个个单元发射到空间,再在空间进行组装完成。1998年6月,俄罗斯首先用大型“质子”号火箭将一个机能货舱(又称“空间拖船”)送上天,使之进入地球轨道。

“空间拖船”重21吨,外形是一个圆柱体,直径为3.96米,长12.8米。它的前端有一个球形对接壳,上有3个对接口,后端有4个对接口。“空间拖船”的舱内外共装有38台推力不同、功能各异的火箭发动机。在拖船的外表面呢?装有16个推进剂箱,还有一对太阳能电池板,使用寿命为15年。“空间拖船”身负重任,它要为以后升空的其他舱提供电力、燃料和对地面的通讯服务。而且,这些单元舱还要陆续对接在拖船的两端。

“空间拖船”升空后1个月,美国的航天飞机与它会合,由美国制造的“结点1号”固定在它的前端。随后,俄罗斯将一个服务舱发射升空,服务舱内具有一系列的控制环境和保障生命的先进系统,还有舒适的生活区、工作区、厨房和卫生间。这样,1号舱“空间拖船”和服务舱就成功地组成了一个大约36.58米长的空间站。

1999年将是国际宇宙空间站太空安装最紧张的一年。俄罗斯的“联盟”号飞船把美国的威廉、俄罗斯的尤里和赛尔凯依3名宇航员送到空间站。他们3个人在空间站居留5个月,进行其他部件的安装,然后乘航天飞机返回地面。5月份,美国的实验舱发射升空,与“空间拖船”对接。8月份,将空气密封装置送上天,与“结点1号”舱对接。11月份,给空间站装配太阳能电池和其他装置。至此这项跨世纪的国际空间站的整体结构已具雏形。

国际空间站总重量约为419吨,设计的使用寿命为10年,全部费用约6千亿美元。预计2002年可以正常使用,可容纳6名宇航员。国际空间站绕地球运转一圈约需90分钟,它能观测到75%的地球表面和相当90%地球人口的生活区域。

国际宇宙空间站的第三阶段,将是全面进行各种科学实验。

空天飞机

进入20世纪80年代以来,许多国家正在加紧研制一种比航天飞机更加实用的空天飞机。

什么是空天飞机?空天飞机是一种既能航空又能航天的新型飞行器。它能像普通飞机一样起飞,返回大气层后像飞机一样在机场着陆,它可以自由方便地往返大气层。

空天飞机的时速可以达到1.6万公里,1小时内,就可以把乘客从澳大利亚送到欧洲;从华盛顿到北京只要2小时,你到美国去探亲,早上去,还可以赶回来吃晚饭。

空天飞机还具有重要的军事价值,它是最难以捕捉的间谍机,还可以作为战略轰炸机、战略侦察机和远程截击机使用。

当然,它实际上还是一种新型的空间运输工具,它可以往返于地球和空间站,承担运输任务。

空天飞机还有发射费用低,可重复使用、周转期短等优点。

据目前估计，空天飞机的运输费用至少可以降到航天飞机的十分之一。用它来发射、维修和回收卫星，不需要庞大、复杂的发射场，也不需要提前准备一、二个月。它完成一次任务后，只要一周的维护就能再次起飞。

美国、英国、德国、法国和日本都在研究，这股空天飞机的热也激起了中国航空航天专家的很大兴趣。

空天飞机的设计方案基本上属于单级型和两级型两种形式。

单级型以英国的“霍托尔”为代表。它是一种水平起落的空天飞机，它的尺寸和起飞重量大体上与“协和”型喷气客机差不多。它的特点是采用一种全新的发动机，进入20世纪90年代后，英国又提出了一个“斯凯朗”空天飞机方案，这个方案技术风险小，花钱更少。

日本正在研究的也是一种单级空天飞机，预计将会在2020年试用。

美国也提出单级空天飞机方案，它有一种叫“东方快车”的空天飞机属于民用运输机，可以让人们遨游太空。

德国提出的是两级水平起降的“桑格尔”空天飞机。第一级实际相当于一架超音速运输机，第二级是以火箭发动机为动力的飞行器。它可以乘2名宇航员，携带4吨货，也要到21世纪才可试用。

经过这些年的研究分析，专家们认为还有不少关键技术需要攻克，但是有攻克难关的基本条件。预计不久的将来，空天飞机的设想必会变成现实。

“暴风雪号”

1988年11月15日，一个寒风凛冽的早晨，前苏联“暴风雪号”

航天飞机首次从位于哈萨克草原的拜科努尔航天中心发射上天，47分钟后进入距地球250公里的预定轨道。在太空遨游3小时，绕地球2圈后，于当天9点25分安全返航，准确降落在原定的跑道上，成功地完成了无人驾驶自动返航和着陆的试验任务。国家电视台对此作了热情的报导。

在此之前，苏联人一直守口如瓶，默默地秘密研制了十几年。其实早在整个20世纪50年代和60年代，前苏联就花了很多时间和资金研制一种小型航天飞机，1958年前苏联国防部在一个25年规划中提出要研制航天飞机，要求可在近地空间飞行，能达到10倍音速以上，高度超过60千米，1960年10月，正当样机将进行载人试验之际，赫鲁晓夫对前苏联国际工业进行改组，结果样机被砍掉了。

1960年，军方搞了个切诺梅工程，又奉命设计航天飞机，要求能拦截和侦察美国卫星，能载多人，能飞行24小时，轨道远地点290公里。1961年和1963年进行了2次无人亚轨道试验。原打算1965年进行载人飞行试验，可是赫鲁晓夫1964年10月下台，勃涅日列夫上台后把计划取消了。小道消息说，赫鲁晓夫的儿子是这个工程的副总设计师。

后采又搞了个“螺旋”工程，计划在飞机的背上发射航天飞机。结果由于运载航天飞机的超音速飞机迟迟生产不出来，又要花钱和美国搞登月竞赛，所以最后放弃了这一工程。

20世纪70年代初期，美国公布航天飞机计划后，前苏联非常担心，他们认为美国的航天飞机几分钟就可以飞临莫斯科上空扔炸弹太可怕。1976年2月，政治局秘密决定研制“暴风雪号”，来对付美国。

“暴风雪号”工程是由机械制造部领导的，到1986年，参加的研究所和工厂企业多达1500个，科技人员数万名。中间也面临过下马的危险，最终由于对抗美国的需要延续下去。经过千辛万苦，耗资100亿美元，终于研制成功，1988年11月15日顺利地进行了无人驾驶轨道飞行。

“暴风雪号”和普通大型客机差不多大小，外形跟美国航天飞机极为相似。它也有一个大货舱，能将20吨货物送上地球低轨道，将20吨重货物运回地面。它的头部也是一个乘员舱，可乘坐10个人。它的机身也贴了3800块防热瓦来抵御高温。

但是，从性能上来讲，它在某些方面可能比美国的航天飞机优越，它的主发动机不是安装在尾部，而是安装在“能源”火箭上。飞机着陆时，可以用尾部的小型发动机作有动力的机动飞行，安全准确地降落，万一第一次着陆不成功，还可以拉起来再着陆。这样就安全多了。它在大气层滑行时，可以像普通飞机一样控制自如，它还备有减速制动伞，可以使飞机在较短距离内停下来。

还有，把“暴风雪号”发射上天的“能源号”运载火箭是当今世界上推力最大的，它和“土星5号”的推力相近。但是却可以回收和重复使用，发射航天飞机只需两级火箭，如果加上第三级，它可以把18吨重的卫星送上天，把32吨重的飞船送上月球，还可以把28吨重的飞船推向火星轨道。

“暴风雪号”万事俱备，只差一步就完成了载人飞行。可是没想到前苏联政局动荡，经济困难，1991年苏联军方停止拨款，1993年6月30日，“暴风雪号”终于因为缺少叶利钦政府的资金支持而被迫弃。300亿美元的研制费付之东流，技术专家们自谋生路。最凄凉的是莫斯科高尔基文化公园，由宇航员季托夫(读者可能还记得他，他是“东方2号”的老牌宇航员呢!)开的合资公司，里面摆着一架“暴风雪号”的复制品，游客们可以花钱到货舱里过过“太空”瘾，还可以吃到真正的太空食品。

前苏联曾计划要再造几架航天飞机，进行载人飞行，还要与

“和平号”空间站对接，苏联解体后，俄罗斯的政客们像走马灯一样地上台下台，实施这些计划恐怕是有心无力，只能延期了。

1995年6月29日至7月4日，美国的“阿特兰蒂斯号”航天飞机与俄罗斯“和平号”空间站实行了历史性对接，共同飞行了5天。联合进行了科学试验，美俄两国总统克林顿和叶利钦互致祝贺。此时此刻，在俄罗斯图波列夫设计局的仓库里，正躺着那艘孤单单的“暴风雪号”！

五、太空生活

专家选拔

美国宇航局在试验"企业号"航天飞机的同时,向全国公开招募宇航员。1976年整整一年,美国的报纸、杂志、广播、电视都在不停地做广告、搞宣传。

驾驶航天飞机可不比驾驶普通飞机。一艘航天飞机的座航里,挤满了2000多件仪器仪表,需要管理操纵的旋钮多达1700个。现代化的波音747飞机驾驶舱内有971个仪器仪表,航天飞机要超过波音机一倍以上。要正确地操纵,非有高超的技艺不行。美国宇航局的弗兰克·休斯教员说,如果把驾驶难度分为10级,那么驾驶波音机的技术难度为1级或2级,驾驶航天飞机的技术难度要高达9级。

普通飞机的飞行时间一般不会很长,航天飞机的飞行时间长达一星期以上,而且还要完成一系列的研究和工作。

所以,宇航员都是万里挑一。通常是从体魄健壮,机敏勇敢的战斗机驾驶员中选拔。条件要求必须有2000个小时以上的喷气式飞机的飞行经历,其中1000个小时是担任第一驾驶员的。还要具有物理学、数学或工程学方面相当于学士学位的文化程度,除了这种人,还有一些人可以成为宇航员,就是具有专门知识的技术专家,经过地面训练后,乘机监测和实施航天飞机上的各种科学实验。

美国宇航局到1977年6月30日报名截止时，收到了8079份申请书。宇航局14人的选拔委员会从中选出了35名候选人，其中21人是从军事部门选拔的，14人是从民间组织选拔的，另外还有将担任飞行专家的6名妇女。

这些人到宇航中心报到，要经历2年时间的学习和训练。

除了攻读各门专业课、进行实验以外，宇航员们要进行两类地面训练。一类需在航天飞机模拟器里进行。模拟器跟航天飞机一模一样，宇航员在舱里要学习掌握操纵航天飞机，还要学会处理各种意外事故。这种训练要训满1000个小时。

另一类模拟失重状态的训练要在水中进行。在地面的人，有晕车、晕船、晕飞机的，宇航员也有“晕宇宙”的。所以要先模拟训练，逐渐适应，宇航员们戴着水下呼吸器，潜入一个大水箱内，水箱壁涂上黢黑色，这是模拟太空的环境，周围还嵌有闪闪发光的群星，还有巨大的地球圆弧面。宇航员在这里可以学习做各种动作，掌握在失重状态下身体如何活动。

“假如我获得机会能驾驶航天飞机，那么即使一次，也比我多活10年强！”宇航员克劳德·尼科利尔这样说，恐怕所有训练中心的宇航员都这么想。

他们是为了理想，为了人类去征服太空的，人们永远把他们当作英雄，他们中的许多人名字都留在了月球上。

宇航员的太空生活

1.一日三餐

宇航员在“天上”怎么吃饭、喝水呢?说起来是很有趣的。

空间营养学家们经过研究试验，认为宇航员每天摄入的食物能量要高于3000卡，食物中要含有丰富的矿物质，如钾、钙、氮之类。他们还规定了三条标准：食物在37.7℃温度下放置6个月要不变质；粗食尽量不要吃，吃了不易消化；食物要可口，要能引起宇航员的食欲。这一条很重要，通常宇航员刚“上天”的时候，都会有一些“晕宇宙”的现象，头晕恶心，哪有什么味口呢？要使他们味口大开不是件容易的事。

在20世纪60年代里，美国和苏联的太空食品都是装在一种银色的“牙膏管”内，挤进嘴里。这些食物营养丰富但吃起来既不好吃也没有乐趣。

后来，这些食物又被装入“塑料袋”。宇航员用一根管于插进去吮吸。这样也不好，跟“牙膏管”差不多，既看不见食物的样子，又闻不到香味，宇航员不喜欢这种食物。

20世纪70年代以后，经过宇航员多次试验，加上专家们的改进，终于做出了各种色香味俱全、能令人食欲大开的太空食物和饮料。

试验证明水在失重条件下表面张力很大。水在杯子里不会流失。根据这个特点，专家们先将太空食品经过脱水处理后，再经过高湿处理、辐射杀菌湿度处理等，然后装进罐头和塑料袋，贮存在生活舱的冷藏柜里。宇航员“上天”后，在食用这些太空食品时用扁嘴喷枪先喷上水，水与食物熔合后就可以复原，食物的形状、大小、色泽、香味都跟原物相同。因为加水的原故，也不会在舱里乱飞。如果嫌凉的话，还可以用小电炉小锅加热。

1973年以后，太空舱内厨房里已备有120多种食品，饮料也有20种以上。一袋袋的食品放在食品柜里，连第几天第几顿都标的清清楚楚，菜单花色翻新可以6天不重复。

做饭的差事，宇航员每人轮值一天。做一餐饭，只需要半小时。先把塑料袋里的脱水食品取出来，放进一个“组合炊具柜”里加工一下就行了。这个柜子里一应俱全，烤箱、冷热水管道、银质餐具、干抹布、湿抹布应有尽有。还有一个放调味品的小匣子，盐、胡椒面、酱油、番茄酱、辣油等等一样也不少。做起饭来跟家里有些不同。要先用注射器给脱水食品注上一定量的水，然后用手揉匀，再放入82℃的烘箱里烘烤，还要用一台电扇使其均匀受热。至于冷菜，像虾仁、布丁和饮料之类，也要兑上水，一会儿一顿丰盛的饭菜就弄好了。

在就餐的区域里设有餐桌和特别的椅子。进餐时食物都盛放在一种特殊的托盘里，将不同的食品隔开，这样食品就不会漂浮起来。宇航员也得把自己的皮靴挂在天花板的“吸杯”上或是固定在地板上，然后才能进餐，，否则，吃饭时人会东倒西歪，飘来飘去。吃东西时动作也要尽量温文尔雅，任何一个突然的举动，都会让到嘴的美味一下子飞走。

你说，这样的用餐是不是非常有趣呢!

2.高枕无忧

人悬空睡在空中!这只是在魔术和神话故事中才见得到。可是在太空中这却是真的。

人在太空，由于失重的缘故，站着睡和躺着睡是一样的，而且也没有上下之分。一张双层床可以睡4个人。最上面睡一人，第二个人却睡在上铺的反面，和下铺上的第三个人面对面，第四个人呢?站在床的侧边睡，各得其所，互不干扰。

宇航员每人有一个睡袋，“睡袋床”上都装有台灯、通讯装置、电扇、隔音毛毯和特别床单，此外还有枕头。在空间睡觉，本来有没有枕头和软垫子都一样，只不过多年的习惯用起来感觉可以自然些。

睡觉前，宇航员跟在家里一样，也把衣服脱掉，只不过要放到专设的小柜子里，免得到处飞舞。脚上的靴子不能脱，因为失重状态阻碍血流正常流向脚跟，脚跟容易被冻坏。然后，爬进睡袋，把长拉链从腿部拉到胸前。再用皮带系住腰部，戴上遮眼罩和隔音帽。最后调好空气，关上灯。为了避免手臂悬在空中，还得把手插在腰部的皮带里。睡袋的头部虽然固定在舱壁上了，人的脑袋却无法固定。睡觉时仍晃来晃去，挺滑稽的。不过，宇航员们仍能高枕无忧，安然入睡。

宇宙空间没有明显的时段，日出日落仅1个多小时，一会儿是黑夜，一会儿就会见到旭日。所以，宇航员每天都是由自动装置唤醒的。7点起床，起床后得刷牙、洗脸、刮胡子。他们用咀嚼特别的橡皮糖来代替刷牙，用卫生巾浸泡护肤液擦脸，还用卫生巾铺在按摩刷上梳洗头发。头发会梳洗的很干净。

在航天飞机上，因为太空舱比较拥挤，宇航员早上起床前会把“睡袋床”折叠起来，腾出空间来做实验。

保证宇航员有充足的睡眠是头等的大事，地面控制中心一天24小时注视着他们，一有异常，立刻会予以呼叫和警告。

3. 太空锻炼

在地球上，人不管做什么事都要用力，这样肌肉和骨骼就得到了一定的锻炼。可是，在太空中，因为失重，宇航员举手投足不费吹灰之力，加上钙流失得特别快，时间一长，肌肉就会萎缩，骨骼也会变得松脆。令人烦恼的是，当宇航员走出太空舱去干修理卫星、安装太阳能电池帆板之类力气活儿时，要穿上宇航服，20多层的宇航服穿在身上，每做一个动作都要花很大的力气。手上还戴着大手套，装卸舱里的货物更是消耗体力。据宇航员们自己检测，一般出舱干一次活；体重要减少3～4公斤。

为了保持良好的身体状况和精神状态，宇航员就要自找苦吃，想各种办法锻炼身体。

在航天飞机上，设置了一种脚踏活动板，它是用铝板做成的，下面装有轮子，底部插在地板洞里，锻炼时把活动板上的皮带系在身上系得越紧越用力。当你踏板走动时腰和腿就得到了锻炼。如果飞行在一、两个星期内，宇航员每天在踏脚板上锻炼至少要15分钟；飞行时间长，每天至少要踏上30分钟。脚踏板安装在舷窗边，锻炼时宇航员先播送音乐，然后和着音乐的节奏踏板，累了可以看看窗外的景色，倒也不觉得太枯燥。

在空间站，宇航员生活的时间要长得多，最长的有一年，更要不间断地锻炼，最好的锻炼办法是跑步。在空间站上安装有综合健身器，上面有一个滚轮式活动跑道，它的两侧也有弹性皮带，可缚住宇航员的腿，而另有一个弹性缓冲器缚在踝骨上，跑起来和地球上的感觉差不多，10分钟以后，身上就会出汗。跑完后，伸伸懒腰，听听音乐，看看风景，感觉特别轻松。除了活动跑道，还设有自行车、单杠等其他器械，任其选择。

苏联宇航员列别杰夫和别列佐沃依，曾在空间生活了211天，他们在日记中还记下了一种特别的锻炼办法，读来别有风味！

有一天，列别杰夫感到脖子有些不舒服，就试着把头转几下，没想到越转越快，头好像离开了身躯，自己在那里转。他觉得很惊奇，定定神才感觉到头还在脖子上，有肌肉连着呢。他把这种感觉告诉别列佐沃依，别列佐沃依照此一试，感觉也一样。旋转后脖子和头都觉得特别特别轻松，舒服得很。于是他们俩从此便多了一种锻炼方法！

不管是用什么方法进行锻炼，出了力后会出汗，有时甚至会大汗淋漓。在家里非常简单，去冲个淋浴。在空间怎么办呢？汗粘在身上自己不会干，令人难以忍受，宇航员得用蛇形通风管对着自己吹，把汗水吹散，最后用真空清洁器把到处飞舞的汗水吸掉。此外，宇航员也可以去洗淋浴，不过在空间淋浴一次不容易，要一周甚至一个月才可以洗一次。淋浴时，从天花板上放下一个聚乙烯圆筒，圆筒底座上固定有一双橡胶拖鞋，人穿上它，就不会飘起来。拉开密封拉锁，脱去衣服，进入淋浴筒，就可以像在家里一样洗澡了。航天飞机上的卫生间里有一个浴缸，浴缸上方有照明灯和镜子，壁上挂有毛巾、浴巾和各种个人卫生用品，和家里的卫生间简直差不多。

一切准备就绪，这时就可以打开头顶上的莲篷头，鼻子得用塞子塞住，嘴上还得戴上呼吸器，否则流下来的水说不定会把人呛死。水喷在身上后用浸透了清洁液的卫生巾擦洗，15分钟就可以洗好了，洗澡的水用一台电扇吹向排水口，然后吸到地板下面的废水箱里。水满后会自动排到舱外。

总之，在太空锻炼不仅是自找苦吃，有时还会产生一种探险的心情呢！

在太空创造财富

1.太空播种

人类在进入太空以后，下一步是要逐步过渡到长期在太空居留，还计划飞往遥远的地外行星。那么，最迫切需要解决的问题是什么呢？美苏的科学家都认为首先要解决的是人在太空中的生活保障问题，还要研究长期失重对人、植物、动物的影响。美苏两国对此均已进行了大量的试验。

早在20世纪70年代末期苏联就在“礼炮号”空间站进行了植物栽培试验。他们在空间站建立太空温室，对多种植物采用各种各样的刺激方法。在地面上,植物生长有一定的规律,根往下钻,芽往上窜。在空间,没有上下之分,植物的生长会是个什么样子呢?在"礼炮"7号空间站上,试验才取得了突破性胜利。宇航员栽培的阿拉伯草在太空播种56天后开了花,第69天结籽,共收获了200粒种子。这是在空间站上开花结籽的第一种"仙草"。

1981年,美国哥伦比亚号航天飞机第2次升空,它的座舱里也带了一个小型温室,是用铝制成的,重约21公斤。里面放有很多试管,每根试管里放有一颗矮杆向日葵种子,共放了85颗。试管中土壤的含水量不同,这是因为要试验多少水份最合适。温室里有一盏太阳灯,每天连续照射14小时,模仿地面日照。由于这次飞行时间缩短到54小时,种子刚刚萌芽就返回了地面。没有达到预期的目的。4个月后,"哥伦比亚号"第三次飞行时,又重复了这项试验。这次还增加了中国的绿豆和一些植物种子,结果有96株硬松、燕麦和绿豆的苗发了芽。

这些试验表明,植物在空间可以成活,只是发育缓慢一些。最困难的是要解决植物生活的条件。苏联专家制造了一种人工土壤,它是两种塑料混合物,外表象沙土,土壤中含有15种养分元素。植物在上面栽培后,只要浇水和光照就可以,生长周期只要三分之一,产量可以提高10倍。美国的专家试制出一种"太空露晒舱",1984年4月,用航天飞机把它投放到太空轨道上,这个"太空霹晒舱"大约重10吨,共安排了86个试验项目,其中有植物试验,美国的派克种子公司在舱内放置了900万粒西红柿种子,计划等种子返回地面后,分发给400万四年级以上的中小学生,让他们播种,并观察西红柿的生长情况,再向公司汇报。派克公司期望能从这些种子中培养出巨型西红柿。

我们中国从1987年开始,也在进行太空育种的试验。在地面上精心挑选一些蔬菜、玉米、花卉品种的种子,"坐"卫星到太空去遨游十几天后回到地面，再经过筛选、育种、试种，种植方法以及田间管理和普通品种一样，可是结果却大不一样。

据媒体报道，在中国的航天育种基地，青椒长得硕大无比，每只重有八九两，一株西红柿可结几十个大西红柿，一根黄瓜长得有你的手臂长。到现在已经利用返式卫星成功地进行了8次搭载农作物种子的试验，试验品种达400多种，取得了不少成功的经验。

有人问，这些青椒、西红柿能不能吃?对人有没有害?专家回答说：引起种于变异的只是变色体遗传物质的序列发生变化，品种没有改变，青椒还是青椒，黄瓜还是黄瓜，能吃。太空种子在太空中受不到什么危害。返回后经检测很正常，因此对人也没有不良影响。

2.太空制药

1975年，美国和苏联在“联盟—阿波罗”飞船的对接飞行中用电泳法从5%的肾细胞中分离出了尿激素，分离效率比在地面上高5~10倍。

尿激素是溶解血栓或凝血块的一种特效药，在地面上制造这种药，工艺非常复杂，而且成本十分昂贵，如果在太空成批生产，那将十分划算。

除了尿激素，还有一些药用电泳法在太空提取试验过，如干扰素和一些在地面上无法提取的疫苗。

什么叫电泳法呢?电泳法是利用电场作用把质量和电荷比值不同的物质颗粒分离开的方法。打个比喻，电泳法就像一个筛子，把需要的东西筛出采，把不需要的筛掉。拿细胞来说，它能筛掉癌细胞，留下健康细胞，它能筛掉衰老的细胞，留下年轻的细胞。在地面上，因为重力作用，好不容易分离出采的成分会重新搅和在一起,使电泳法的分离效果大大降低。在太空,这一缺点就不再存在。

此外,在地面上有许多药是从细菌培养物中提取出来的。在太空环境中,微生物死亡数大大减少,而且生长速度比地面上要增加一倍以上。这类药如在太空生产,成本也会降低。

目前,美国的一些公司和巴蒂尔实验室都正在太空试制“灵丹妙药”呢。

3.奇异的空间材料

近20年来,美国、苏联、中国为将来在太空建立材料生产工厂,进行了大量实验,也取得了许多成功的经验。

这些实验有:在空间生产实心和空心的滚珠。不仅球形理想,而且精度超过精密研磨;多层空心滚珠的强度和耐磨性都大大超过实心滚珠,使用寿命延长5~8倍;大型空心球还可以微为高压容器,比焊接的好得多。

空间无限的深度是生产泡沫的理想场所。你可想不到,在太空生产的泡沫钢块,体积中88%是气体,它可以像木材一样浮在水面上。几米长的一块钢筋混凝土只有12公斤重,用它来盖高楼,岂不是像小朋友码积木一样轻松吗?

此外,还有特殊铸件、新型玻璃、半导体和电子器件用的晶体等等。

我国1987年和1988年发射的两颗返回式卫星上,也进行了材料晶体生长和材料加工实验。1990年在另一颗返回式卫星上又进行了砷化镓的生长试验。1991年美国的“发现”号航天飞机进行的科学实验中有两项便是我国的中学生设计的太空材料实验。

4.在空间加工

在地面上进行熔炼和焊接,工人师傅必须戴上面罩,否则会被四处迸溅的电弧火花灼伤,在太空中熔炼,一点儿也不用紧张。金属自动悬浮在空中,宇航员只要用激光或电子束射向金属体,使其加热直到熔化就大功告成了。

1969年10月6日,苏联“联盟-6”号飞船进入轨道,在狭窄的轨道舱里又“挤”进了一个奇怪的大桶,叫“火山”,宇航员古巴索夫操纵“火山”进行了等离子弧焊接、电子束焊接和电焊条熔焊。事后,苏联宣布这是历史上第一次空间加工,而古巴索夫是第一名宇航工艺师。

此后,美国在“天空实验室”,苏联在“礼炮”号空间站都进行过多次空间加工的实验。

空间考古

从古到今人们考古不是到地下去挖,就是到海底去捞,可是如今人们从天上也可以考到地球上的“古”,找到地底下的“宝”,你想知道这究竟是怎么回事吗?

早年人们曾运用航空摄影和航片判读的方法进行考古研究,但这种方法观察范围狭窄,拍摄图片往往不甚清楚。随着航天技术的飞速发展,人们在卫星、航天飞机和空间站上通过航天遥感图像进行考古,居高临下,视野广阔具有非常明显的优越性。

在高分辨力的陆地卫星影像上,每幅图像面积达3万多平方公里,小到一座古塔,大到万里长城都一清二楚。1978年冬天,美国宇航局的考古学家托姆·塞维尔和他的考察队在南美洲秘鲁的安第斯山山地考察神秘的印加线。这些线是古印加人留下的,通过考察这些线和线上的神龛数目，可以了解古印加人的农业生产和天文历法等情况。塞维尔一行冒着严寒，爬山涉水，3个月只考察了2条半线，还有41条没找到。于是他去找卫星求助，通过卫星影像的分析，很快就完成了考察任务。

1984年，卫星在苏格兰找到了古罗马人的要塞；在英国伦敦北部30公里远的地下找到了古罗马凯撒大帝入侵英国时建筑的古城堡。古城堡当年在古罗马帝国崩溃时曾被焚毁，随着岁月的流逝，已被埋入地下，上面树木丛生，可陆地卫星上的多光谱红外线探测器却把它给找了出来。用这种技术，1984年美国地球资源公司的科学家通过卫星影像分析，还在尤卡坦半岛的热带丛林中，发现了玛雅文化的废墟和玛雅古代金字塔。由于卫星影像能够准确地定出地下城堡的大小和范围，因此考古发掘就会避免破坏。

航天飞机的考古本领更大，1981年航天飞机“哥伦比亚号”升空，航天飞机上携带了一个能成像的雷达，它摄到的图像极为清晰，连海风吹起的波涛都清晰可见。而且它工作时不受黑夜、地球大气中云层和地球表面植物的影响，能够直接探测到地下。“哥伦比亚号”获得的第一幅雷达图像，是澳大利亚西部哈默斯利山脉的一个地区，长100公里，宽50公里，图像清晰地显示出一个拱形山花岗岩山丘被一个受侵蚀的环形山脉包围着，哈代河就在山丘的右边。图像还显示出墨西哥湾蕴藏着丰富的金矿和银矿。

不仅如此，雷达发射的电磁微波穿透了细密的沙层，穿透地表以下，一直到岩石。结果在苏丹和埃及交界的撒哈拉大沙漠东南边的沙层下发现古代河流和湖盆，这条河大约是3～4千万年以前形成的，它的河道宽达15公里，与尼罗河一样宽广巨大。河谷边上的湖盆是古代人放牧的草场，图像还显示出像树枝图案似的支流，扇形的冲积平原、阶地、断层和丘陵地形。航天飞机的发现引起了科学家们极大的兴趣。美国地质调查所的科学家根据卫星提供的线索,横穿一望无际的大沙海,终于发现了沙海下面庞大的古代水道网。埃及水土资源开发部在特定地区钻探找水,果然找到了丰富的地下水。埃及和苏丹还要求航天飞机对他们的边界地区进行更深入的探测。

目前,世界各国的考古学家都在利用航天遥感,法国、苏格兰、意大利、土耳其和菲律宾等国的考古学家已获得丰硕的成果。我国的考古学家也在利用美国陆地卫星和中国的卫星进行考古研究。

考古学家们还认为在不远的将来会有更惊人的发现。雷达波束能穿进沙子,它也可以穿透冰。美国准备进一步用雷达的波束去穿透南极冰帽和格陵兰冰层,探寻冰层下面的世界。欧洲航天局打算用这种成像雷达去探测火星,预计它会取得非常精确的立体图像。

太空中的生命试验

在美国好莱坞的科幻影片中,我们常常看到太空人。影片中的太空人全都是智慧超常,神通广大,虽然他们长相各异,但无一例外全都是来自外星球。

这是科学幻想。在现实中将来会不会出现由地球人繁衍出的太空人呢?这些太空人又会是什么样子呢?

让我们先来了解一下太空环境。在前面的篇章中已经陆续介绍过,空间环境是非常恶劣的。首先是没有空气,人呆上几秒钟就会死去,加之气压为零,人会像气球一样破裂;其次是温差大,最高温度达130℃,夜间最低温度只有零下146℃;此外,宇宙间还到处充满了致死人的紫外线和宇宙线,刹那间就会杀死人的基因和细胞。目前,人在空间只能在太空舱里活动,到舱外去必须穿上宇航服。太空舱里虽然有先进的生命保障系统,但是,人体仍然会有许多变化。比如在失重状态下,身体内的血液及其他体液会涌向头部和胸部,与在地面相比增加了2升,因此宇航员的头、颈部明显肿胀。心脏的搏出量也增加,如果疲劳过度,会导致心力衰竭。另外,最危险的还有人体内钙的减少,人进入太空的第一个月失去6克钙,这样持续15个月缺钙,就会有生命危险。除了这些不良影响,还有没有好的变化呢?有,人的大脑在空间会变得敏锐,同时由于要应付各种复杂的自动化装置,人的动手能力也会加强。因此,科学家们推测:占领空间的第一代人在那儿生育的第二代,第三代,具有与地球上孩于不同的生理特点。首先,直立行走的功能可能会退化,估计意识也会因为形体变化而产生较大的变化,这样就有可能产生新的人种——太空人。

科学家们的预测是有一定根据的,因为美国曾在太空用动物作过大量的试验。

1973年7月28日,美国"天空实验室"第二次载人飞行时,曾把2条海水幼鱼和50颗鱼卵、720个果蝇蛹,6只老鼠、2只普通蜘蛛送上了太空轨道,飞行了59天后,鱼卵竟然孵化出几十条幼苗,在水池里自由地游动。1974年10月,苏联发射了"宇宙"690号"生物卫星,成功地将蚕卵孵化成幼蚕,孵化过程比地面要快一倍。随后,苏联多次将鱼卵、鹌鹑蛋、怀孕的老鼠送上太空轨道,结果鱼卵孵出了鱼苗,鹌鹑蛋没有孵出小鹌鹑,老鼠进行交配怀孕的试验失败了。1983年12日,苏联发射的"宇宙1514号"生物卫星,终于取得了一些突破性进展。这次飞行载有几只怀孕的老鼠和3条鱼,在太空飞行了5天后回到地面,生出了小鱼,怀孕的老鼠生下了3只小鼠。鱼和老鼠长到4个多月时,身体状况和地面的小鱼和小鼠没有什么两样。这就证明了在太空失重环境中,生命可以繁衍,不会影响胎儿的正常发育。

1994年7月8日,美国"哥伦比亚号"航天飞机再次升空,日本女航天员向井千秋把4条青鳉鱼和340颗青鳉鱼卵带到了太空。日本的科学家选择用青鳉鱼作试验,是因为青鳉鱼的遗传和变异最能体现生物进化的过程,它能够把自身的特性完全传给子孙。在上太空前,科学家们先在喷气飞机上选拔鱼。开始,飞机一上天空,这些鱼就出现高速旋转,把头在水池壁上乱撞,撞成脑震荡,还等不到飞机进入太空早死了。后来经过反复试验和悉心培养,这些青鳉鱼的后代竟然都能够适应失重的环境。在航天飞机上,带上天的鱼卵从第4、5天就开始陆续孵出小鱼,带上天的青鳉鱼在第3天产下10颗卵,这10颗卵在宇航员的焦急盼望中于第13天孵出了小鱼。比地面繁殖要慢10天,这一实验证明,生命在太空不仅可以遗传,而且也可以变异呢!

那么,人在太空能否繁衍后代呢?据外电报道,苏联早就在做这方面的试验,美国据传闻也早在进行此项试验。尽管美苏都不肯披露这方面的计划,但是他们都想孕育出第一个太空婴儿的企图是很清楚的。

太空宇航英烈

人类飞向太空,迄今已有近百年的历史,美国共进行了一百多次载人航天飞行,俄罗斯共进行了近百次载人飞行,在铺满鲜花和彩带的辉煌中,也付出了血的代价,留下了痛苦的回忆,为人类宇航事业而献身的宇航员有14名,他们的精神永留史册,他们的名字被刻在美国肯尼迪航天中心巨大的黑色石碑上,被留在了月球上,更留在了我们所有人的心中。

阿波罗4A首次航天事故发生在1967年的1月27日。那时美国正积极推行阿波罗登月计划。当天清晨,弗吉尔·格里索姆、爱德华·怀特和罗杰·查菲3名宇航员,身穿宇航服,走进阿波罗4A飞船指令舱,进行模拟发射的演习训练。突然,其中一名宇航员(可能是查菲)说:“火,我闻到了着火的气味”。两秒钟之后,怀特肯定地说:“驾驶舱着火了”。说话间,大火已经横扫指令舱,飞船顷刻湮没在一片浓烟火海之中,地面人员在3分钟内赶到,可是3名宇航员已经被大火活活烧死,他们3人是阿波罗登月计划中的首批宇航员,其中37岁的怀特是第一位漫步太空的美国人,是美国人心目中的英雄。

事后仔细检查,发现是电火花引燃纯氧,宇航员们死于燃烧引起的一氧化碳中毒,与烧烫也有关系。3人的宇航服分别被烧毁了70%、20%和15%。有关部门对录音磁带进行研究分析,认为火在查菲发现之前就已经烧了5、6秒钟,3人的谈话声音只持续了17.1秒。

1971年8月,“阿波罗15号”飞船登上月球时,登月的宇航员把怀特等3人的骨灰撒在了月面上,同时还安放了一块刻有包括苏联在内的所有已故宇航员姓名的铭碑,让男士们在月球上永远安息。

1964年,在早期的美苏太空角逐中,科马罗夫曾以指令长的身份,随“上升1号”飞船进入太空,成功地进行了太空飞行。为此,苏联政府特授予他“英雄”称号。1967年4月23日,40岁的科马罗夫上校驾驶“联盟1号”首飞,出师不利,飞船在飞行过程中屡出故障。在绕地球飞行了24小时后,地面指挥人员决定让飞船返回地面。飞船再入大气层时,两个降落伞一个也没打开,飞船内又没有任何逃生系统。因为座舱很重,坠落时速度达144公里,科马罗夫被活活摔死。

据俄罗斯的解密文件透露,科马罗夫在最后的几秒钟内,把飞行记录清晰地传回地面，并用无线电和妻女作了最后的诀别，他要女儿好好学习，嘱咐妻子另嫁佳侣……观看屏幕的人无不痛哭失声，勃列日涅夫也掩面而泣。

科马罗夫的骨灰被葬在克里姆林宫的墙下。

1971年6月6日，乔治·都布罗沃尔斯基、维拉迪斯莱夫·沃尔科夫和维克多·帕萨耶夫乘“联盟11号”飞船顺利升空。运行了24天后，于6月29日重返地球。他们的飞行很顺利，飞船准确地在预定地点降落。

直升机上的人员迅速奔向飞船，打开舱盏。但是，使他们极为震惊地发现，3名宇航员全死了，3个人还都坐在座位上，其中一人脸上有颜色很深的淤血，可能是在极力求生时撞到了舱壁上，也可能是快速减压造成了他面部血管的破裂。事后经严格检查发现，事故原因是有一个排气阀漏气，舱内空气被排空，宇航员因此窒息而亡。

1986年1月28日上午11时30分，美国“挑战者”号航天飞机从肯尼迪航天中心第10次飞行，飞机像一条红色巨龙呼啸着直插云霄，73秒后，一声巨响，航天飞机发生爆炸，轨道器和外贮箱粉身碎骨，顷刻间爆裂成无数碎片，向四周溅落，持续了近45分钟。乘员舱最后坠落在离发射地点约29公里的大西洋里。

发射看台上的千余名观众被这一惨象吓呆了，欢呼声顿时成了痛哭声，开着的电视机全都关闭，举国一片悲痛，机上的7名宇航员全部丧生，12亿美元的“挑战者”号也永远消失了。事后，当局迅速组成总统调查委员会，通过4个多月的残骸打捞、搜寻和调查、分析，专家们认为失事的原因是当时气温过低（只有3℃），导致一个橡胶密封垫圈破裂，燃料外泄，造成起火爆炸。

当时的美国总统里根在向全国发表的特别讲话中说；“他们知道有危险，但他们没有畏惧，并出色地完成了工作。……我们永远不会忘记他们。”这7位烈士是：46岁的机长佛朗西斯·斯科比，40岁的驾驶员迈克尔·史密斯，35岁的黑人宇航员罗纳德·麦克奈尔，39岁的美籍日裔宇航员埃利森·鬼冢，36岁的女宇航员朱迪思·雷斯尼克，41岁的工程师格雷戈里·贾维斯，37岁的中学女教师克里斯塔·麦考利夫。其中最引人注目的是“平民”宇航员麦考利夫。她有一个9岁男孩和一个6岁女孩，原是一名中学教师，教社会学，性格豪爽。1985年，宇航局实施“太空教师”计划，麦考利夫从11416名应征教师中脱颖而出，经过120个小时的训练，成为一名业余宇航员。按计划，她将在这次飞行中为学生上两堂太空课，第一堂讲太空实习见闻，第二堂讲人类为什么要进入太空，每堂15分钟。在她之后，将陆续制定记者、艺术家和其他非专业宇航员飞行计划。所以，人们对平民宇航员麦考利夫进入太空的事反响特别强烈，热情甚高。麦考利夫牺牲后人们的心情也就尤为沉重。痛定思痛，美国和全世界震惊之后，更深刻地领悟到征服太空的历史就是一部太空探险史，人类要走好每一步，永不停歇。

六、神秘之旅

神秘的金星

“阿波罗”登月之后，美国和苏联的下一个目标是去探望地球的近邻——神秘的金星。

金星是离地球最近的行星，也是天空中最亮的星，早晨它叫“启明星”，傍晚它叫“长庚星”，白天它又叫“太白星”。在西方，它的名字叫做“维纳斯”，这是希腊神话中爱和美的女神的名字。总之，这是颗很美丽的星。

金星的直径是1200多公里，比地球小500多公里。比重和体积和地球相差无几，所以说金星和地球是“双子星”或“兄弟星”。

金星的表面完全被浓云密雾笼罩着，从地球上用望远镜观测，它的表面完全看不见。因此它显得很神秘，出现了各种各样的猜测。1790年，德国的天文学家休莱达认为在金星表面有一座高40000米左右的火山，因为看到云间不时出现闪光。

有人认为这种闪光是金星人送给地球的信号。苏联的菲增科在1958年提出另一种观点，他认为这种闪光也许是极光，因此金星的夜晚要比地球明亮50倍。

此外，瑞典的化学家阿累尼乌斯在1918年时认为金星和25000万年前地球环境相同，金星上10米高的蕨类植物非常茂盛，而且密林中会有蜥蜴类动物生活。他还说：“金星表面所有东西都是潮湿的吧！由于高温，植物生长很快，因而生物的寿命很短。”

1928年美国天文学家罗素用威尔逊天文台的大望远镜观测金星，并给其拍照。他认为金星的表面是可怕的沙漠，沙粒是黄色或红色。他还认为说金星表面非常潮湿完全是胡说。

1929年美国的菲甫尔和明泽尔又认为“金星的云是水组成的”，金星表面到处是海，没有大块的陆地。英国的天文学霍伊尔也认为是海，但他判定“金星的海不是普通的海，而是石油海。”

苏联的季霍夫却认为“金星上的草木不是绿色的，是黄色或橙红色的”。

众说纷纭，哪家说法是正确的呢?在当时是无法搞清的。

1961年，苏联先行一步。于2月4日和12日发射了“巨人”号和“金星1”号无人探测器。这两次都没能达到探测金星的目的。

1962年7月22日，美国向金星发射了“水手1”号，这个探测器的重量只有“金星1”号的三分之一，是轻量级的。可是因为诱导火箭的电子计算机的程序上有一个连字符遗漏，控制失灵，火箭立刻偏离轨道。为了不让其落入苏联手中，只好将它炸毁。8月27日，美国发射了“水手2”号，发射侥幸成功。“水手2”号于12月14日从距离金星3475公里的地方，通过粗略地研究了金星大气磁场以及宇宙射线、太阳风等。美国人对这个“第一”进行了大肆渲染。

根据“水手2”号的探测，金星表面的温度达到427℃，哪里是天堂?简直是地狱！没有海，也没有磁场，这个探测结果给科学家以很大的冲击。

1965年11月12日苏联发射“金星2”号。它的重量是963公斤，装有电视摄像机，当它从金星24000公里处掠过时，通讯中断没能拍下照片。

11月16日，苏联又发射了“金星3”号，技术水平已超过了美国。按预定计划，它于1966年3月1日命中金星。成为历史上第一个到达另一个行星的人造物体。它的着陆舱里还带有一个刻着苏联国徽的小地球仪。苏联的科学家希望金星里的智慧生物知道这是来自地球的客人。

这段时间美国正在忙于“阿波罗”登月工程，无暇顾及金星，在以后的几年里，苏联是一花独放，全面展开了对金星的探测。

1967年6月12日，苏联发射“金星4”号，获得了大量的情报资料，它探测了金星大气层的密度，温度以及简单的化学成分，可是着陆舱还没到达金星表面就被压瘪了。

1969年1月5日和10日发射的“金星5”号和“金星6”号，分别到达金星，测量了大气，但未能发回金星表面的资料。

真正软着陆，并且把金星表面数据送回地面的，是“金星7”号。它在23分钟的降落过程中，考察了金星大气层的内部情况和地表结构。信号还表明，金星的表面温度是475℃，气压为90个，大气密度大约是地球的60倍。

后来，苏联在1975年发射了“金星9”号和10号，探测器本体第一次成为金星的卫星，而着陆器在金星着陆，第一次送回金星世界的全景照片。照片上金星表面有很多大岩石，不是海，也不是沙漠。

1978年9月9日和14日前苏联又发射了“金星11”号和12号，着陆后工作110分钟，在大气中发现了氩40和氩56，比例为200:1，这说明金星和地球存在亲缘关系。

1981年，发射了“金星13”号和14号，这次，着陆舱上携带的自动钻井装置采集了金星岩石标本。随后还发射了“金星15”号和16号。

1984年12月，苏联发射了两个“金星—哈雷”探测器，上面的浮升探测器对金星环流作了非常详细的考察，全球的无线电雷达都收到了这一信息。

美国在实施登月计划期间，仅在1967年发射了“水手5”号和“水手10”号。前者探测金星大气，后者重点探测水星，顺路拍了几张金星照片。

直到1978年，美国才把重点放到金星探测上，先后发射了“先驱者—金星”1号和2号。用雷达测绘了金星表面地形图，探测到了97%金星表面，发回了大量数据。

1989年5月，美国后来居上，从“亚特兰蒂斯”号航天飞机施放的“麦哲伦”金星探测器，于1990年8月10日和金星交会，金星的神秘面纱会不会被揭开呢?

人类的使者“麦哲伦”

天宇如水，“麦哲伦”号飞船像汪洋中的一条小船向着女神维纳斯——美丽的金星飞去。

这是1989年5月4日美国“阿特兰蒂斯”号航天飞机将“麦哲伦”号飞船携上太空放入轨道后的一个镜头。

麦哲伦是葡萄牙的航海者。16世纪20年代初，他率领船队完成了首次环绕地球的航行。以麦哲伦的名字命名的这艘飞船，此行的使命主要是绘制金星表面地表图，研究金星的地质结构和金星物理特性。它的重量约3553公斤，顶部是球形体火箭，设备舱的两侧安装着一对太阳能电池帆板。

1990年7月24日，“麦哲伦”号顺利进入金星轨道，8月开始绕金星飞行，9月1日开始探测绘图。到1991年5月15日，麦哲伦飞船绕金星飞行了一个金星年，绘制了金星表面93%的地形图。图像分辨率为120~130米，比此前获得的图像分辨率提高了100倍。同时，它收集的各种数据相当于过去数据的总和。

麦哲伦飞船的初步探测结果揭示了长期以来在浓云密雾中金星表面的真面目。

金星的地层构造类似地球，可分为核、幔、壳三部分。它表面地形相当复杂，有高山、峻岭、平原、断层，还有火山，陨石坑和河道沙滩。据分析，金星上曾存在过活跃的火山活动。但是否还存在活火山尚难以判定；金星上的山脉都是由板块地质构造所引起的地壳压缩和扩张运动产生的，但科学家又认为，金星上板块结构的地质构造，并不像地球那样引起大陆的漂移。

金星表面存在大量大型陨石坑。这些陨石坑是流星和小行星撞击时产生的。根据“麦哲伦”发回的资料，估计金星表面有900个这样的陨石坑，比月球上少，但是要大得多。根据陨石坑的计算和位置的分析，科学家认为金星表面非常年轻，约在0亿~8亿年之间。金星形成以来，地表变化不大，至今还保持着较原始的状态。

“麦哲伦”号利用雷达透过厚厚的云层，3年中拍摄了金星表面99%的照片。

1993年5月，“麦哲伦”号首次利用“空中减速”技术改变飞行轨道，对金星引力进行更为详细的测量，目的是进一步了解金星的内部构造。

“麦哲伦”号还研究了使金星大气层每4天明显膨胀的大气波浪，并考察金星大气层受每11年出现一次的太阳黑子活动的影响。

“麦哲伦”号探索金星的计划耗资8亿零740万美元，它工作到1995年，圆满地完成使命。这项计划的负责人道格拉斯·格里菲在一次记者招待会上很自豪地说：“我们拥有了下一代‘麦哲伦’航天器，可以勇敢地前往任何航天器没有去过的地方”。

探索火星之谜

火星是太阳系中的第四颗行星，也是我们地球的邻居。它在地球外侧的轨道上，每687天环绕太阳旋转一周，每2年2个月接近地球一次。这时候在地球上可以用望远镜观测到它的表面，它看起来是黑红色的，令人有些望而生畏，因此西方人认为火星一靠近我们地球，地球上就会出现战争，所以他们给火星取名叫马尔斯，马尔斯是希腊神话中的战神。

火星的半径大约是3400公里，差不多是地球的一半。质量大约是地球的十分之一，体积是地球的15%。它有两颗卫星：火卫一叫福波斯，火卫二叫德莫斯。它的特征与地球有许多相似之处，它也有四季变化，而且它的四季变化和日长和地球上完全一致。

自古以来，关于火星有着各种各样的猜测和争论。其中最精彩的就是火星有没有生命这个谜。有些科学家认为火星上不可能存在生命，另外一些科学家则坚持认为火星上可能有生命，甚至有"火星人"。

这一说中最有名的是意大利米兰天文台台长夏帕勒里在1878年提出的"运河说"，他用天文望远镜观测火星，发现火星表面密布着一些有规则的黑色线条。就把他们称为火星"运河"，并根据自己的长期观测绘制了火星图。

后来美国天文学家洛威尔也确认了这种线条。并为这一了不起的发现变卖家产，建立了私人天文台。洛威尔历时十几年，拍摄了几千张火星照片绘制成详细的火星河网图，声称他已经发现了500多条火星运河。他还出版了两本书，《火星和它的运河》和《有生命居住的火星》。在这些著作里他认为：火星上的线条是居住在火星上的高等生物的建筑物。他认为火星上的北极和南极也非常寒冷，那里冰雪覆盖，形成“极冠”，就像地球两极的冰帽。初春时节，极冠的冰会融化，为了把水引到赤道的沙漠地带，所以修建了这些运河。在运河和运河交叉的地方，有水草丰美的绿洲，那里会住着许多“火星人”。

“运河说”在当时的天文学界曾是引起轰动的一大发现。许多科学家认为这一发现和火星的“四季变化”正好吻合。火星人既然能建造如此大型的网状水利系统，那么火星人肯定具有高等智慧，可能比地球人聪明得多。

说来也巧，美国人阿·霍尔同年发现了火星两颗小卫星。由于这两颗卫星特别小，离火星很近，所以有人就认为是火星人发射的人造卫星，比地球人发射卫星早了一个世纪。因此断言火星人的科技水平已经高度发达。

对于这种说法，一般大众是半信半疑，有些科学家反对。他们认为火星靠近地球，最近时也有5670万公里，用望远镜观测的推论有很多靠不住的地方。

关于火星的科学考察最早于20世纪60年代。当时，美国和前苏联都考虑应该向火星发送探测器。根据美国间谍组织获得的情报，前苏联曾于1960年10月10日和14日两次试验发射火星探测器，结果失败了。接着，苏联从1962年10月至1964年11月，先后又发射了“火星1号”、“探测器2”号及另外两次火星探测器，由于各种原因，都未能飞往火星。

1964年11月5日美国发射“水手3”号，结果也失败了。23天以后，美国又发射了“水手4”号，发射非常顺利。它在228天的时间里飞行了52320万公里的距离。1965年7月14日从距离火星9200公里的地方通过，探测了1%的火星表面，送回22张火星表面的照片。发现火星表面有许多和月球表面相同的环形山，环形山的直径从5公里到120公里，大大小小都有。可是没有拍到人造运河，山脉和山块也没有拍到。“运河说”被这次照相观测完全否定了。火星的表面和月球相似，那么火星上会不会和月球一样是一个万古恒荒的死寂世界呢？

4年后的1969年春，“水手6”号和“水手7”号发射，奔往火星。这两个探测器于7月8月先后从距离火星3000多公里的地方通过，用不同的仪器拍摄了火星表面的100%。还用摄像机对火星表面20%的面积拍摄了特写照片。在特写镜头照片里，270米的事物都可以分辨出来。

“水手6”号和“水手7”号共发回200张图像，再次证明火星类似于月球。此外，还观测到火星的大气层里没有云，有像雾一样的东西，厚度达到8～16公里。南极极冠的厚度是1.5米左右，那里的温度是-123℃到125℃。推测极冠是由干冰组成的。火星表面的温度白天最高为-17℃，黑夜最低为-103℃。火星上的大气92%都是二氧化碳。这次探测终于使人们认识到火星的本来面目。

1971年5月，美国又发射了“水手9”号，并于11月13日进入环绕火星的卫星轨道。这也是人类第一次发射环绕地球以外行星轨道飞行的宇宙飞船，它环绕火星运行698圈，发回7300幅图像。它还第一次近距离拍摄了福波斯和德莫斯两个卫星。据说“水手9”号获得的资料比350多年来对火星观测的资料还要多100倍。

苏联也于1971年5月发射了“火星2”号和“火星”3号。观测到火星的大气里水蒸气的含量只有地球的5000分之一。

1973年7月到8月，苏联又发射了“火星4”号、5号、6号、7号四个探测器。4号从距离火星表面2200公里的地方通过，5号成为火星的人造卫星。6号通讯中断，7号着陆失败，从距离火星1300公里的地方通过。

1975年,美国发射了“海盗1”号和“海盗2”号探测器,任务是要弄清火星上有没有生命存在。

“探路者”造访火星

在1976年“海盗”号探测火星之后,整个20世纪80年代和90年代初对火星的探测都没有什么实质性的进展。

1996年11月7日,美国“火星环球勘测者”发射升空。12月4日“火星探路者”飞船飞向火星,历时7个月,经过4.94亿公里的长途飞行,于1997年7月4日在火星阿瑞斯平原一个古老的漫滩口着陆,开始了人类有史以来最为重要的火星考察活动。

“探路者”着陆时,巨大的冲力将其反弹起约有4层楼那么高,数次弹跳后终于在火星表面稳定下来。

数小时后,“火星探路者”的唯一乘客也是本次火星探测的真正主角“索杰纳”火星车出场。但是,由于“探路者”着陆时打开的保护包在放完气后没有完全收好,正好挡在飞船的舷梯上,“索杰纳”被困住了。地面上的科学家对这一意外早有准备,发出了一系列的指令,将空气保护包吊起来,“索杰纳”终于踏上火星。

“索杰纳”在英语中具有“旅居者”之意。它的大小如同一台电视机,高约30.5厘米,重约10千克,是一个有6个轮子的车状小机器人。它安装有各种高技术微型仪器,主要使命是探测和分析火星岩石和土壤的化学成分。它还装有3部照相机,可对附近目标拍摄特写镜头。“探路者”则把照片和有关资料传回地球。

6小时后,它向地面控制中心发回了第一批彩色照片,这也是21年来人类获得的第一批火星照片。这些照片显示。火星表面极度荒芜,很像地球上的荒漠,呈现红色,遍布各种形状的砾石。

岩石是“索杰纳”探测的主要对象,被探测的第一块岩石名叫

“藤壶·比尔”，因为它长得像一只藤壶，大小跟一个足球差不多。“索杰纳”对“藤壶·比尔”进行了长达10小时的扫描分析，分析表明，这块火星岩石主要由石英、长石和正辉石组成。使科学家们感到意外的是这种组成与地球上的岩石非常相似。此后，“索杰纳”又对另外几块岩石作了扫描，发现它们的组成并不一样。这些发回的照片还表明，火星上存在红、白、蓝三种颜色的岩石。向风的东侧呈淡蓝色，背风的两侧呈典型的红色，在土壤的下面则是白色的岩石。

“探路者”发回的照片还表明，火星平原远古时曾发生过特大洪水。根据岩石上的水痕和山丘上不同的“地层”，科学家判断洪水淹没的地区有地中海那么大，发生时间可能在10亿到30亿年前。可是这些水到哪里去了？是渗到火星地下，还是变成了火星南极的干冰，还是消失在茫茫宇宙之中？这些问题迄今尚不能确切回答。

火星曾经有过水的证据是对“火星生命说”最大的支持，因为有水就可能有生命。但是，仅有洪流存在还不能证明，还必须找到静止水曾经存在的证据。“探路者”计划中负责气象研究的科学家罗勃特·哈伯勒根据发回的气象资料判定：火星上干燥、寒冷、气压和气温变化很快，气温在几分钟甚至几秒钟内就会升高或下降17～22摄氏度。因此，火星上的水肯定不是液态的，而是以冰块或冰粒的形式存在的。火星上肯定不会下雨。一到秋季，火星上将西风怒吼，尘暴飞扬，环境恶劣。

火星上存在生命的证据尚不充分，但是，“索杰纳”对火星岩石“藤壶·比尔”的分析有一点引起了广泛的注意。这块岩石与美国阿拉斯加发现的一块火星陨石在化学组成上具有相同的特征。经化验分析，陨石中含有有机子和铁矿物，因此有不少人据此认为火星上曾经有过生命。

火星上是否曾存在生命是一个大问题。美国科学家认为只研究火星地表是解不开这个谜底的,必须将火星土壤和岩石的标本弄回地球进行研究分析,或是像登月那样由科学家登上火星进行考察,这就意味着下一阶段将是载人飞行。

谁第一个登上火星,将成为举世瞩目的焦点!

谁能征服火星

1996年8月6日,美国宇航局的科学家从编号为ALH84001的火星陨石上找到有机分子和铁矿物,不少科学家据此认为火星上可能会存在生命。一时间,全世界的科学家都卷入了这场大辩论。

美国总统克林顿随之宣布:“我已决定,美国太空计划将倾所有人才和科技力量,支持这项探索任务,为火星上是否有生命的结论寻找进一步的证据。”

1996年11月升空的“火星全球探测者”飞船到1998年9月可以到达火星轨道,将环绕火星飞行,勘探其他特征。“火星探路者”还在继续向地面传回信息。

自2006年以来,美国火星勘测轨道飞行器多次在火星山丘斜坡上发现手指状阴影条纹。美国航天局将其称为“季节性斜坡纹线”,并认为这种奇特的季节性地貌由咸水流造成,但一直没有找到直接证据。

“好奇”号于2012年8月在火星盖尔陨石坑内着陆。它是美国宇航局的第四台火星车,也是世界上第一辆采用核动力驱动的火星车。其使命是研究火星的气候和地质状况,并探寻火星是否存在生命迹象或液态水。 6年中,它行走了18公里,向地球传回无数张火星图片,也已揭示了一些火星上的生命迹象。2013年,发现数十亿年前的火星具有支持微生物的生存条件；2014年，在火星大气中检测到甲烷及其含量峰值。“好奇”号火星车将于2020年被“流浪者”号替代。。“流浪者”号将深入火星地表2米以下寻找生命迹象。它还计划载着一架火星直升机，将31个装满火星土壤的样本罐送回地球进行研究分析。

“值得一提的是，美国宇航局计划于2030年间实现火星登陆计划。

俄罗斯当然不甘落后，他们制定了一个跨世纪寻梦火星计划。这个计划分三个阶段：第一阶段发射“火星—96”飞船，包括对火星进行长期考察的轨道站、两个穿透探测器和两个发送到火星上的小型自动站；第二阶段是发射“火星—98”飞船，包括一个轨道站、一个带有火星车的返回舱；第三阶段是发射探测飞船把火星上的土壤带回地球。这些考察将为人类登上火星开辟道路。

由于俄罗斯具有“能源号”大型运载火箭，发射飞船的费用会节省三分之一，还有比美国、欧洲更适合火星探险的电喷气发动机，加上可以在“和平”号空间站组装零件，所以这个方案很受关注，有奥地利、英国、美国、法国等20个国家参加，成为一项国际性的考察计划。

可是，“天有不测风云”，1996年11月。16日，俄罗斯发射“火星—96”飞船，刚刚升空几小时却半途坠毁。企盼已久的火星探险一开始就遭到惨败。

这次失事对美国也是个打击，美国有两件宝贝在该飞船上；英国天文学家更感沮丧，他们也在飞船上搭载了好几件实验仪器。

萧萧寒风冻不垮北极熊，俄罗斯宇航局并不灰心，它的发育人在记者招待会上驳斥美国记者：“你们的航天飞行也失败过，为什么我们就不能失败呢？——我们还将继续发射，而且不止一次。”俄罗斯决心改进技术，确保下一阶段计划获得成功。

欧洲宇航局也在研制到火星登陆的飞船，并积极参加美、俄探测计划。

意大利于1999年发射一颗火星卫星，用于火星表面与地球之间的通讯。

日本也发射了一颗重450千克的火星卫星——行星B，用于探测火星大气与太阳风的相互作用。

神秘的火星，兵家纷争，群雄逐鹿，谁能征服火星?我们拭目以待!

飞往更远的行星

太阳系的外行星——木星、土星、天王星、海王星、冥王星，距离我们的地球十分遥远，可是有关它们那古老的传说、神奇的土星光环、难解的木星红斑……却深深地吸引着人们去探索。从70年代起，美国先后派出了“先驱者”号和“旅行者”号两组探险队，独揽了对太阳系外层空间的探测。

1972年3月2日，“先驱者”10号乘“德尔它”号运载火箭从卡纳维拉尔角升空，开始了漫长的旅程。它飞行了21个月运行约10亿公里，于1973年12月从距离木星131400公里的云层中穿过，拍到木星的彩色照片，测定了木星的磁场。随后，“先驱者”10号利用木星的引力加速飞向土星，再借助土星引力场加速向太阳系外奔去。在这个探测器中装有绘着男女人像的图片，还有一些表明地球人生活的标志，准备寄给太阳系外的“宇宙人”。

“先驱者”11号于1973年4月6日离开地球，1974年12月5日飞过木星，对木星进行了观测，然后奔向土星。它拍得的照片表明：木星没有固体表面，是一个液体行星，有很强的磁插和辐射带。还发现木卫一有电离层和大气,这是太阳系所有卫星中唯一的。从土星的照片中发现了两个新光环并得知土星的辐射带强度远低于地球。

20世纪70年代末,木星、土星、天王星、海王星等几乎在同一方向。美国原来准备搞一个“行星大飞行计划”,发射无人探测器连续探测各个行星。因为耗资太大,1972年就停止了。代替这个计划的是发射“旅行者”1号、2号,它们在1977年发射,1年后接近木星,3年半后通过土星附近。耗资3.6亿美元。

“旅行者”1号于1979年3月5日从距木星表面275000多公里的空间掠过,一共拍摄了木星家族的几千张彩色照片,还进行了各种科学探测。1980年11月逼近土星,然后飞向宇宙深空。

“旅行者”2号速度较慢,它于1979年7月9日飞过木星,1981年8月26日才靠近土星,1986年经过天王星,1989年8月掠过海王星飞向太阳系外。

从“旅行者”号发回的大量数据中,科学家们获得了许多令人惊奇的新发现:木星周围有一个环圈,长约5800公里,宽约30公里,太阳系中土星、天王星、木星都有环,看来大行星都有环,这对于探索太阳系的起源和演变有一定的意义;木星还有长达3万公里的极光,16颗卫星;木星的大红斑有1000公里;木卫一有火山爆发,烟柱高达300公里,比地球上的还大,这说明大的卫星不是死寂世界,它在活动和变化中。

土星的体积庞大,可是平均密度比水还小,若将土星,放在浩瀚的宇宙海洋中,它是唯一能浮在水面上的天体,它比水还轻;土星也有一个大红斑,长8000公里,宽600公里,它可能是由于土星大气中上升气流重新落人云层时引起扰动和旋转而形成的;土星的周围飘浮着明暗相间的彩云,赤道面上缠绕着白色的大光环,就像戴着顶美丽的草帽,“旅行者”1号和2号的近距离照片使科学家们非常吃惊:原来土星的光环可以细分为成千上万条大大小小的小环,它的整体形状就类似一个巨大的密纹唱片,从土星的云顶一直延伸到32万公里远的地方,这些光环远看是红棕色,可是从高分辨率的照片中可以看到,其实每层环的颜色都稍有不同,蓝、橙、绿、紫五彩缤纷。

土星是太阳系卫星最多的行星,有23颗,其中命名为"泰坦"的土卫六最为世人瞩目,因为它是人类发现的第一颗土星卫星,还是太阳系卫星中体积最大的卫星之王。"旅行者"号拍到的照片上土卫六是一个橘红色的星体,它提供的数据证明土卫六的直径是4828公里,不是原来的5800公里,卫星之王的桂冠因此被摘掉了。"旅行者"号提供的资料显示:土卫六是太阳系中又一个奇异的世界,它的表面黑暗寒冷,暗红的天空偶尔会洒下几点氮雨,还有液氮的海洋,这些都是人类了解生命起源和各种化学反应的理想之处。

美丽的土星、神秘的木星还有许多待解之谜,要想有更深刻的认识,请看"伽利略"号和"卡西尼"号的远航!

"伽利略"号专访木星

在太阳系的九大行星中,木星的体积和质量都排名第一,亮度仅次于金星,名列第二,因而对人类有极大的吸引力。从20世纪70年代起,美国发射了"先驱者"和"旅行者"两组探测器探测过木星和它的卫星,使人们对木星有了初步了解。

为了进一步揭开木星的奥秘,美国宇航局不惜巨资,决定安排一次对木星的"专访"。计划研制一个木星专用探测器,以最早发现木星4颗卫星的意大利科学家伽利略的名字命名,派往木星去进行一次实地考察。"伽利略"号原计划1982年1月发射,后因飞行计划改变，推迟到1986年5月发射，可惜“挑战者”号航天飞机于1986年，1月28日发生升空爆炸惨剧，“伽利略”号发射计划因此搁浅。直到1989年，宇航局才决定启动这项计划。

1989年10月18日这一天，是一个新的太空探险时代的开始。“阿特兰蒂斯”号航天飞机将“伽利略”号探测器送入太空，“伽利略”号首先飞向太阳，途中于1990年2月与金星相遇，借金星的引力加速后，沿一个更大的绕太阳运行的轨道前进，逐渐向地球靠近；1990年12月8日靠近地球，借地球的引力再 次加速，1992年12月8日擦过地球，飞行速度达到每小时140300公里。这样可大大减少推进剂重量，最后才踏上飞往木星的征途。

在这两次飞越地球的过程中，“伽利略”号距月球的最近距离为9000公里。它顺带着对地球和月球作了一系列的观测。1990年2月“伽利略”号临近金星后采用偏航飞行方式，用摄像机、红外质谱仪等仪器观测了金星，这些数据在飞近地球时回播。此外，“伽利略”探测器还测量了太阳风。

“伽利略”号长途跋涉40亿公里，在浩渺无垠的宇宙中航行了整整6年，于1995年12月6月逼近木星。此时，美国喷气推进实验室的科学家们正捏着一把汗，紧张地一直关注着它直到进入木星轨道。1993年8月21日，美国“火星观察者”探测器行程1年，差3天就要进入火星轨道，突然间音讯全无，9、8亿美元打了水漂漂。这一不幸科学家们记忆犹新，在“伽利略”号进入轨道时自然特别小心了。

“伽利略”号不负众望，安全入轨以后，它承载的16种当时最先进的仪器便陆续将探测的数据发回，这些数据以光速运动的无线电波传回也要耗费52分钟才能到达地球。

“伽利略”探测器是由轨道器和再入器两部分组成。1995年7月13日，再入器与轨道器分离，单独飞行5个月，于12月7日进入恶劣的、飞速旋转的木星大气层去进行实地考察。这一情景非常惊险！木星大气层深入的压力高达20个大气压，它的顶端部分有相当于太阳表面温度2.5倍的高温，如果在，再入器切入木星大气层的角度偏离正确角度1.5度，就会弹高大气层顷刻间被烧毁，万幸的是，悲剧没有发生。但是在这样的高温下它也不可能坚持长久，它用降落伞帮助减速向木星深处飘落，在下飘200公里的过程中，发回了一批非常宝贵的资料，75分钟后通讯中断，再入器有去无回，可能被巨大气压力摧毁了。

"伽利略"的轨道器从1995年底到1997年末，一直以不同的椭圆路线，绕木星运行，并分别以不同的距离接近木卫二、木卫三，木卫四和木卫一。它进行了17项观察，对木星大气层、大气风暴、木星磁场等进行了考察，还对4个大卫星作了探测。它携带的照相机比"旅行者"号上的照相机灵敏度高100倍，因此拍摄到的照片清晰度要比以前拍到的最佳照片高20～1000倍，可以分辨出木星表面30～50米范围的细节，而且拍的照片也比"旅行者"号多得多，这些都极大地丰富了人类对宇宙、太阳系以及地球环境的认识。

1997年12月前后，由于携带的动力燃料全部耗尽，"伽利略"探测器进入大气层被烧毁。它对木星的"专访"圆满结束。

神探"卡西尼"土星之旅

1997年10月15日，美国发射了"卡西尼"土星探测器，它是第一个也是最后一个大型专用土星探测器。在它之前，考察过土星的"先驱"号和"旅行者"号都不是专门探测土星的"使者"，而是匆匆过客，因此美国宇航局决定研制土星"专业户"——"卡西尼"。这一计划是1990年开始，1997年起程，2008年结束。预计耗资34

亿美元，是目前人类社会耗资最大的空间探测计划。由于美国宇航局今后不再研制这种大型探测器，而只发射“火星探路者”那种速度更快，更便宜的小型探测器，所以，“卡西尼”不仅是土星的最后一个大型探测器，同时也标志着大型星际探测器时代的结束。

正因为如此，科学家们对“卡西尼”的远航寄予厚望。“卡西尼”的名字是为了纪念一位叫卡西尼的著名科学家，他在1675年发现土星土星环A、B两环之间有道缝隙，后被命名为“卡西尼缝”。“卡西尼”探测器是迄今发射最复杂最先进的行星探测器，它此行的目的是去探测土星。

土星是一颗戴着美丽草帽的行星，古代人们叫它镇星或填星，并一直把它当做太阳系的边界，直到1781年发现了天王星。

土星运动迟缓，人们便把它看做掌握时间和命运的象征。无论是东方还是西方，都把这颗星和农业联系在一起，在天文学中用符号“S”表示它，像是一把主宰着农业的大镰刀。

天文学家们始终对土星很感兴趣，并不仅仅因为它的美丽，而是因为它和木星一样，保留着大量太阳系形成时的原始物质，同时还有好多天然卫星围绕着它飞行。通过对它们的探测和研究，有助于揭示太阳系形成和发展的奥秘；对认识地球自身也很重要。

从20世纪70年代开始，人类已向土星发射了4个探测器，初步撩开了土星的面纱。但是由于这些探测器是顺路的，探访距离较远，图片、数据不够全面，土星的真正面目尚未明了。因此，“卡西尼”的远征将肩负非凡使命。

“卡西尼”将要在茫茫宇宙中航行7年，科学家们为它的航行路线费尽心机。由于“卡西尼”由轨道器和“惠更斯”于探测器组成，共携带有18台科学仪器，总重达6.4吨，超过“旅行者”2~3倍。即使用目前推力最大的商用火箭“大力神—4B”，也无法让这个庞然大物加速到直达土星的速度。怎么办呢?科学家们决定采用“四级跳远”的方案,通过多次借力飞行,利用金星-金星-地球-木星(WPJ)的引力来到达土星。

“四缓跳远”的过程是这样的:首先,利用20年才一遇VVEJ轨道引力,于1997年10月启程,这样可以大大节省发射所需的燃料,可以少花钱。在发射6个月后,它将绕过金星,加速并改变方向。再过14个月,它再次飞过金星,进一步加速,向地球急奔。1999年8月,它擦过地球,向木星加速飞去。2001年1月,“卡西尼”将从木星那里得到最后一次引力加速直奔土星。经过这样4次的借力加速,可以节省77吨燃料。这条路线比直飞土星长得多,所以时间上多花了好几年。

“卡西尼”在长征途中,有很重要的任务要完成。它携带的科学仪器将要;拍摄清晰度非常高的图像;考察土星上的土星环、大气组成和赤道风;用雷达测绘神秘的土星“月亮”土卫六;还要测量磁场强度;测量土星和土卫六的闪电以及闪电等离子体的密度和电磁场的取向。它在环绕土星飞行的过程中,得飞越土卫六33次,最近距离仅850~950公里。它还将在约1000公里处飞过土卫二、土卫八、土卫四和土卫五,还会远观土卫一、土卫三和土星的南北极。这些工作需要4年才能完成。

“卡西尼”进入土星轨道后还有一个任务,将携带的子探测器“惠更斯”释放到土星的卫星——“泰坦”(土卫六)上去。它将以每秒6公里的速度进入“泰坦”的大气层,再以降落伞缓慢降落。到达地面前调查大气成分,整个过程将发回1000幅照片。

这里顺带解释一下:1655年3月25日,荷兰天文学家惠更斯用自制的3.7米长折射望远镜观测土星时,无意中发现了它的卫星土卫六,后将其命名为“泰坦”,“泰坦”是希腊神话中的女巨神。

“卡西尼”探测器上的子探测器被命名“惠更斯”,它的主要任务是登陆“泰坦”，用的就是这一典故。自从惠更斯发现“泰坦”以来，至今已有360多年的历史，但“泰坦”仍是一个待解之谜。估计“惠更斯”操测器会有新的收获给人类带来一份惊喜。

2004年7月，“卡西尼”航行7年的土星之旅将会告一阶段，然后登陆土星为人类去作一次特别的“专访”。

认识彗星

晴朗的夜晚，当我们仰望星空的时候，有时会在点点繁星中，发现一颗奇特的星。它不仅光彩夺目，而且还拖着一条长长的尾巴，那就是彗星，也就是老人们说的扫帚星。

自古以来，人们就不喜欢彗星，认为它在天上一出现，人间就要现灾难。1682年，天空曾出现了一颗明亮的大扫帚星，结果人间一片恐慌。当时年仅26岁的英国青年哈雷经过艰辛的分析计算，证明了这颗彗星曾在1531年和1607年出现过，他大胆地预言，它在1758年底会再度回归。这就是著名的哈雷彗星。

1758年，哈雷预言实现，世人逐渐认识到彗星并非神怪，而是一种天体，它也是太阳系里的一位成员。

哈雷彗星特别明亮、活跃，它的大扫帚尾巴有2亿公里长，横跨半个天空。它的轨道又扁又长，每隔76年回归一次。

1986年2月9日，在太空中漂游了76年的哈雷彗星，再次回归到太阳身边，从地球旁擦过。天文学家和天文爱好者为了抓住这76年才出现一次的机会，各国竞相发射探测器。

苏联于1984年12月率先发射了“韦加”1号和2号探测器。“韦加”1号于1986年3月6日从彗墨层中飞过，距彗核8900公里；“韦加”2号于3月9日从稍近处飞过。它们对哈雷彗星进行了拍摄和考察。

美国和欧洲宇航局原来都有计划发射探测器探测出现频率最多的恩克彗星，该彗星每3.3年就出现一次。可是后来因经费等原因计划都取消了。这次哈雷彗星回归，美、欧不愿坐失良机，决定合作考察。可是，1980年1月11日，美国当局为了紧缩开支，在1981年的预算中，将太阳能——电发动机的研制经费费一刀砍掉，致使该项考察计划成为无米之炊。6月，西欧决定自己单干，飞行器由欧洲的“对他静止科学卫星”改装，14世纪意大利画家“乔托”的名字命名。

“乔托”号于1985年7月发射，在“韦加”1号探测器的指引下，于3月14日飞向哈雷彗星，距彗核最近距离只有520公里，拍摄了很多图像，获得了大量探测数据。

日本发射了“先驱”号和“彗星”号探测器，分别在距哈雷彗星15万公里和700万公里的地方掠过，对彗冕作了探测。

这5艘探测器用不同的观测手段，从不同的距离、角度对哈雷彗星作了剖视，把大量的探测资料综合处理后，得到了一幅非常完整的立体图像。

哈雷彗星的外表非常阴暗，就像一个烧焦的土豆。彗核有一座小山和一些凸凹不平的陨石坑。另外还有两条大喷气流，不停地喷射气体和尘埃。

这次探测的最重要的成果是发现哈雷彗星原来是由冰、尘埃和各种气团组成的，长15公里、宽约8公里，它每隔76年回归太阳时，直径就要缩小约2米。

科学家们希望通过获得的大量资料，去寻找研究太阳系早期历史的线索。

哈雷彗星回归将要到2061年7月28日。可是，1995年发生了苏梅克—利维9号彗星和木星相撞的事件，天文学家又预计，著名的“斯威夫特—塔特尔”周期彗星将于2168年8月14日前后撞击地球。为此，科学家们加紧了对彗星的探测研究。目前，欧美宇航局正联手实施在今后5年4次探访彗星的计划，以期查明彗星内部构造。

前3次由美国宇航局完成，最后1次由欧洲宇航局收尾。1998年10月，美国发射了“深空1号”，只有冰箱大小，它将启用尖端智能计算机软件和自动导航系统，飞掠一颗彗星作近距离观测。

除了“深空1号”，还将发射“宇宙尘”和“彗核之旅”号，“宇宙尘”号于1999年3月发射升空，它只携带少量科学探测仪器，观测维尔特—2彗星。整个行程估计不到2亿美元。倘若此行顺利，宇宙尘号将首次从月球以外的星球上带回样品。科学家们认为这些细小宇宙尘碎片像金矿一样珍贵，因为它是来自太阳系早期的原始材料。

“彗核之旅”也属于花钱不多的小型航天器，它要完成一项雄心勃勃的科学探索计划。它在2003年首遇恩克彗星；2006年再遇SW3彗星，这颗彗星已断裂成3块，“彗核之旅”就可乘机深入观测其内部结构；2007年与德阿里斯特彗星相逢，科学家认为它早该衰亡了，可是它却还在神气地飞行。

欧洲宇航局的第4次收尾是实施罗塞特计划，他们决心要超过1986年探测哈雷彗星的“乔托”。“罗塞特”探测器预计2003年发射升空，然后经8年长途飞行于2007年抵达小行星带，于2008年到达沃特南彗星，对它作环绕飞行并对它的表面作详细测绘。

“罗塞特”最终要在2012年向沃特南彗星表面投放仪器，如果一切无恙，它提供的资料将会与美国的3次资料进行对比分析。一旦夭折，几十亿美元和多年心血将付之东流。

科学家对这一系列的彗星探索计划充满激情，他们确信10年后会对彗星有一个全面深刻的认识。

实现飞出摇篮的梦想

自古以来，人们就对浩瀚无垠的太空充满了遐想，编织出许多美丽的故事，在我国很早以前就有过“嫦娥奔月”的古老神话，当然在那个时代这只能表达人类的一种美好愿望。

20世纪初，被称为宇宙航行之父的俄国航天先驱齐奥尔科夫斯基曾经预言：“地球是人类的摇篮，但是，人类不能永远生活在摇篮里，他们不断争取着生存的新空间，起初只是小心翼翼地穿过大气层，然后就是征服整个太阳系。”这些美好的愿望和天才的预言揭开了人类探寻宇宙奥秘的序幕。

1957年10月4日，前苏联从其位于中亚的拜科努尔宇宙发射场，将世界上第一颗人造地球卫星送入环绕地球运行轨道，这是载入史册的日子，这次成功发射标志着人类已经具备了靠人的智慧和能力摆脱地球的束缚将一定重物推向大气层的能力，是人类进入航天时代的标志。41年过去了，弹指一挥间，航天技术突飞猛进，航天事业也取得了丰硕的成果，它再也不仅仅是大国显示其科技经济实力的空间竞赛活动，而发展成为一项具有巨大科技、经济、军事和社会效益的事业，它已成为改变人类生活面貌的重要支柱之一。

航天时代的到来

人类已进入一个飞速发展的时期。科学技术正以空前的规模和速度推动着经济的发展和人类的进步。20世纪下半叶以来，一场世界范围的新科技革命蓬勃兴起。以信息技术、生物技术、新材料技术、新能源技术、航天技术和海洋技术为代表的一大批高科技群体，取得了重大突破，形成了第四次工业革命的态势。在这期间，发展最快，最令人瞩目的莫过于航天技术了。

所谓航天技术，是指利用运载工具把各种太空飞行器送出地球到宇宙空间飞行的技术。在20世纪内，它主要包括环绕地球轨道的飞行；往返月球的飞行，以及探测太阳系内其他行星的飞行。所有这些太空飞行，都必须穿过地球上空稠密的大气低层，因此现在人们习惯上把这类飞行概括称为“航天”，以便把它们同大气层内的“航空”区别开来。相应地，保障航天任务顺利完成的技术被称为航天技术，也有人把它称作太空技术、空间技术和宇宙航行技术。

人类飞向太空探索宇宙奥秘，虽是由来已久的愿望。但是在未解决运载工具之前又只能是空想。根据牛顿力学计算，一个物体只有获得每秒7.9千米的飞行速度（即第一宇宙速度，也称环绕速度）才能飞离大气层，绕着地球旋转，成为地球的一颗卫星。当飞行速度增加到每秒11.2千米（即第二宇宙速度，也称逃逸速度），物体才能完全摆脱地球引力，沿抛物线逃离地球，成为太阳系的一颗行星。如果物体的飞行速度增加到每秒16.7千米（第三宇宙速度），那么它就可以飞离太阳系，在浩瀚无垠的太空中遨游，而现在的超音速飞机时速只有1300千米，而且飞机所依靠的空气喷气发动机必须依靠空气中的氧气才能工作，所以目前飞机升限只有2万多米，远未能飞离大气层，只有随着现代火箭技术的发展，空间飞行才有可能。

第二次世界大战期间，德国军方出于战争的考虑，组织了大批科学家进行火箭研究和试验。1942年德国的冯·布劳恩试制成功V-2飞弹，这是一种新型的、带液体火箭发动机的弹道式导弹，火箭长15米，重13吨，最大射程达360千米，能把1吨炸药送到300多千米远的地方。虽然V-2飞弹最终并没有挽救德国法西斯的失败命运，但它为研制新飞行器开辟了新领域。

第二次世界大战以后，美国和前苏联主要是出于政治和军事的需要，争先恐后地开始了火箭技术的进一步研究，使火箭技术得以惊人的发展，20世纪50年代末，火箭技术已发展到足以使它成为飞离地球的运载工具。1957年8月，前苏联发射了世界上第一枚洲际弹道导弹，完成了发射人造卫星的技术准备工作，同年10月4日，又发射了世界上第一颗人造地球卫星，揭开了航天时代的新纪元。从此，太空对人类来说已不再是可望而不可即的了。

1959年1月，苏联发射了第一枚超越“第二宇宙速度”的火箭，飞行速度达到11.4千米每秒，并把重达1472千克的“月球1号”航天器送入以太阳为中心的轨道，成为太阳系第一颗人造行星。这一年的9月12日，前苏联的“月球2号”到达月球，这是人类第一次把物体送到月球上去，这也是前苏联在对美国的空间竞赛中取得的又一个胜利。

苏联成功发射第一颗人造卫星的消息传到美国后，美国朝野哗然，深受刺激，一时不知所措，只得加紧卫星工作的研制，终于在1958年2月1日，用“丘比特”火箭把“探险者1号”卫星送入太空。这颗卫星仅重8千克。卫星虽小，但卫星上装有一套气象观测仪器，利用这套仪器从而发现了地球辐射带。初步成果使美国开始成为同前苏联进行空间竞争的对手。

1961年4月12日，世界上第一名宇航员——苏联的加加林驾驶飞船在离地169千米的高度环绕地球飞行一周后顺利返回地面，这是人类首次进入太空。1年以后，美国也成功地进行了载人航天飞行，这标志着人类的航天事业进入了一个新阶段。人类终于实现了遨游太空的伟大理想。

登月，是人类几千年的幻想，经过多年的艰苦努力，在完成了一系列的准备工作后，1969年7月16日，美国在肯尼迪宇航中心成功地发射了“阿波罗11号”载人飞船，将3名宇航员送入月球。至此，人类实现了千百年的夙愿。

1981年4月12日，美国研制的航天飞机“哥伦比亚号”首航成功，随后又制造了“挑战者号”，“发现号”、“阿特兰蒂斯号”三架航天飞机。到1985年底，这4架航天飞机共运载过59人，发射过12颗民用卫星和一些军用卫星。航天飞机的功绩在于人类像制造飞机一样，制造能够反复使用的飞行器，从而大大降低了宇宙飞行经济成本，为把航天技术广泛应用于民用军事领域开辟了更加广阔的天地。

1986年2月20日，苏联成功地发射了第三代宇宙实验室，即“和平号”多组合轨道站，它可以对接6个以上的飞行器，成为巨大的太空站的中枢，它可为12~20名宇航员提供舒适的生活和工作环境，以便从事多种科学试验和特殊产品的制造。“和平号”实际上是人类第一个住人的永久的太空站，可能成为人类前往月球和火星的永久性基地。

探索宇宙奥秘的航天技术

人类的活动范围，经历了从陆地到海洋，从海洋到大气层，再从大气层到外层空间的逐步扩展过程。其中的每一次飞跃，都大大增强了认识自然和改造自然的能力，促进了生产力的发展和社会进步。

人类在同大自然作斗争的漫长岁月里，对宇宙的认识也经历了漫长的路程，而人类对宇宙空间的探索和利用，也必然是没有尽头的路程。

航天技术作为一门新兴的技术门类，是伴随着人类探索宇宙奥秘，征服太空时代的到来而到来的。30年来，航天技术逐步发展，首元是发射人造地球卫星，继而发射载人的卫星式飞船，接着进行载人登月飞行，发射飞往金星、火星以及太阳系其他行星的探测器。20世纪70年代以来，一方面人造地球卫星进入了全面应用的阶段，另一方面技术先进国家致力发展载人空间站和航天飞机，解决人类在空间轨道上长期生活和工作，以及可靠又方便的运输工具往返轨道和地面等问题。

航天技术之所以令人惊叹，就在于它蕴含着现代高技术群体的集体力量。它是由运载器技术、航天器技术和地面探测技术构成的高度综合性艺术。它集中了近代力学、数学、物理学、天文学、大地测量学等基础理论，广泛应用了现代电子学、微电子学、无线电、自动化、真空、低温、高温、计算机、机械加工、冶金、化工等等多学科和高技术。反过来，它的发展又促进了现代天文学、空间物理学、地球物理学、生命科学、航天医学，以及系统工程、管理科学等一大批基础科学和应用科学的突破性进展。因此，它是一个国家技术水平和国民经济实力的重要标志。

为了扩大人类生存空间，深入了解和探索太空奥秘，30多年来，世界各国进行了近4000次航天发射，把人类对自然界的认识视野极大延伸了，对空间的开发利用扩大了，就其应用手段来讲，可分为以下几类。

1.运载火箭

运载火箭是一种多级火箭组成的运输工具，它的任务就是把有效载荷——人造卫星、宇宙飞船或星际探测器送入各自的空间轨道。初期的运载火箭是在第一代导弹即V-2导弹的基础上发展起来的，主要为各国安全和科学探索服务，是离地较近的一种运载工具；改进型的运载工具，主要以商业服务、国家安全和发展空间技术为目的，是以飞离地球为特征的运载火箭。

运载火箭发射航天器的工作方式，简单地说，是每级各飞一程，逐级加速，最后使运载火箭末级装载的航天器进入预定轨道。以我国生产的“长征2号”运载火箭的飞行程序为例：一级发动机点火起飞后7秒开始转弯，工作130秒后关机；随后二级发动机点火，居于级间的爆炸螺栓起爆，两级分离，抛出一级箭体，二级箭体继续飞行112秒后关团主要发动机；联接两级的爆炸螺栓起爆，卫星或其他航天器与运载火箭分离，航天器进入预定轨道。

截止20世纪90年代，俄罗斯、美国、法国、日本、中国、欧空局已研制成功几十种运载火箭，它们具有大、中、小不同的运载能力，最大的运载火箭能把120多吨重的航天器送入近地轨道。其中著名的运载火箭有：苏联的“质子号”、“能源号”、“宇宙号”；美国的“大力神”、“十星号”、“宇宙神”；日本的“H—2”；欧空局的“阿里亚娜”；我国的“长征”系列等。

我国的运载火箭，是在导弹基础上发展起来的。1970年1月30日，我国的中远程火箭飞行试验取得了圆满成功，“长征1号”随之诞生。远程火箭的研制，始于20世纪60年代中期，经过几年努力，在1971年9月，在我国西北酒泉发射场，进行了第一次洲际火箭飞行试验，基本获得成功。以洲际液体火箭为基础，经过改造构成了“长征2号”运载火箭。后来，在“长征2号”火箭基础上，又研制出“长征3号”、“长征4号”。1992年8月我国研制的“长征2号”捆绑式火箭将当时世界上最重的澳星准确送入预定轨道。这标志着我国航天技术跨上一个新台阶。

2. 空间站

美国的“阿波罗”登月计划，形成了人类开发太空的高潮，但是，如果人类要想到更遥远的星球去旅行，还需要经过许多中间步骤。因此进入20世纪70年代以来,美国和前苏联两国都将空间飞行的重点放在建立大型、长期工作的轨道空间站。

空间站,也叫轨道空间站,或轨道航天站。它是一种可以在地球卫星轨道上飞行的大型载人航天器。宇航员可乘宇宙飞船往返于空间站与地面之间。空间站安装有观测仪器和实验设备,可构成实验室,用于天文观测、医学与生物研究、空间科学研究、对地观测,以及在失重与真空条件下进行特殊材料的制造加工等。

在世界上第一艘载人飞船上天的10年后,前苏联向世界宣布发射成功第一个空间站,命名为"礼炮1号"。自1971年4月至1983年共发射了37个"礼炮号"空间站。它由对接舱、轨道舱和服务舱三大部分组成,全长约16米。"礼炮号"空间站的主要任务,是完成天体物理学、生物学、航天医学等方面的广泛的研究计划,考察地球自然资源和进行长期失重条件下的技术试验。

美国在完成载人登月计划之后,于1973年开始实施"天空实验室"计划,将在载人登月飞行高潮之后剩余的"土星5号"火箭改装成"天空实验室"发射升空。"天空实验室"像一架巨大的直升机,外部装有4块大型的太阳电池帆板,在发射阶段是折叠起来的,进入轨道后便迅速展开。"天空实验室"由轨道舱、气闸舱、多用途对接舱;和太阳望远镜等四大部分组成,总重80吨,最大直径6.7米,总长36米。

"天空实验室"先后接纳了3批共计9名宇航员,他们在太空利用"天空实验室"上的58种仪器进行天文、地理和医学等270项科学研究。并研究了人在长期航天飞行中的适应能力,以及利用微重力环境进行了空间材料试验,证明了人在空间的作用,为空间大型工程建设提供了丰富的经验。

1986年2月20日,前苏联用"质子"火箭发射了第三代"礼炮号”的改进型“和平号”空间站，这是世界上第一个长期性、可变换功能和扩大功能的载人空间站。它的大小和重量与“礼炮号”差不多，由对接过渡舱、工作舱和服务舱三个舱段组成。“和平号”空间站核心舱自进入轨道以来，站上的人员几乎没有中断，平均要有3名宇航员在站上值班进行各种科研任务。其中有必要指出的是宇航员马纳罗夫，曾在“和平号空间站”上生活工作了366个日日夜夜并安全返回地面，创造了人在太空整整飞行一年的新成绩。

经过20多年的空间站实践，人们对空间站的概念、构型、用途以及人在空间的作用等方面的认识逐渐加深。空间站的功能也日臻完善。由于在近地轨道建设大型空间站，是一项耗资巨大的航天工程计划，为世界各国所关注。1993年9月2日，由美国副总统戈尔和俄罗斯总理切尔诺梅尔金签署了一项航天工作协议。该协议内容之一是在“自由号”空间站和“和平号”空间站的基础上，建设世界上第一个真正的国际空间站，并将此称为“阿尔法”国际空间站计划，它是迄今为止最为庞大的国际性科研合作项目。据美国方面认为与俄罗斯合作后，空间站经费投资可比原计划减少70亿美元，研制周期可缩短2年。参与“阿尔法”国际空间站研制工作的有俄罗斯、美国、加拿大、日本和欧空局。按原定计划方案，“阿尔法”空间站将手2002年6月全部建成，顺利完成“和平”、“自由”的太空联姻。“阿尔法”空间站将成为一座太空科学试验与研究的中心，它将为人类提供一个开发和利用空间资源的最佳场所。

3.航天飞机

如今，当听到人们谈论起航天飞机时，再也没有人会认为这是不切实际的科学幻想。航天飞机是一种低成本进入太空的运输工具。它既能从机场跑道起飞,又能以超音速穿越大气层进入宇宙空间,完成航天任务后再入大气层,在机场水平着陆,而经过简单维修后,短期又能重上蓝天,可重复使用数十次乃至几百次。所以有人说航天飞机是现代航空技术与航天技术孕育的“混血儿”。它的诞生揭示着人们将开始定期进行空间飞行,是航天史上一个重要里程碑。

航天飞机的整个系统是由三大部件组成的:即一个轨道器、一个外推燃料箱和两个固体火箭助推器。轨道器在航天飞机整个构造系统中居核心地位,执行任务的科学工作者和宇航员都在轨道器内生活和工作。它的外形像飞机,但它和飞机有很大区别,飞机是靠空气喷气发动机推进,只能在大气层内飞行,而轨道器装的是火箭发动机,所以能在太空飞行,我们通常所说的航天飞机就是轨道器,它执行空间运输任务。其余两部分外推燃料箱和助推器,就其功能讲,仅仅是保证轨道器完成空间运输任务的辅助装置。

航天飞机与其他空间运载飞行器相比,具有许多明显的优点:它兼有运载工具和飞机的特点,能够飞行于天地之间,从地面到轨道站往返运送大批人员和大量设备,为组建大型组合式永久性轨道站创造条件;它可以多次重复使用,从而降低发射费用;既能载人又能载货,运载量大;既能在轨道上释放卫星,又能在太空做科学实验;既能在宇宙空间维修航天器,又能将轨道站上的设备或失灵的卫星从天上带回地面,并把经过维修的设备再送回轨道站,其经济效益十分明显;发射和返回时加速度较小,又有人造大气密封压力舱,从而为非职业性宇航员进入太空提供便利条件,因此美国和俄罗联斯都很重视航天飞机的发展。

航天飞机的飞行过程基本是这样的:

(1)点火。助推级的两台固体火箭和轨道级三台液体火箭发动机同时工作。

(2)分离。当上升到40多千米的高空时,助推级与轨道分离,固体火箭的空壳用降落伞减速,海上回收。

(3)入轨。当航天飞机先后分离了助推器和外挂燃料箱后,就一下子跃入轨道。它的整机起飞重量约2000吨,起飞时总推力约2800吨。

美国航天飞机研制计划于1972年1月批准,经过10年研制,耗资近200亿美元。1981年4月12日美国“哥伦比亚号”航天飞机首次载人航天飞行试验获得成功,并于1982年11月正式投入使用,到1994年年底为止,已经成功地飞行了66次。

苏联亦于1988年11月15日,首次成功地发射了“暴风雪号”航天飞机,这是一次不载人的飞行,在轨道上飞行了3小时之后,安全地水平着陆。

随着航天飞机运载能力和使用性能的提高、运输成本的降低以及完全重复使用系统的发展,航天运输系统也由从依靠运载火箭发射卫星的一次性运输走向重复使用的阶段。目前的航天飞机还只是部分重复使用的航天器,从经济上考虑,一种水平起落,可以完全会重复使用的系统正是将要发展的航空航天飞机——空天飞机,它可以在普通飞机场起飞。通过大气层进入太空。到那时,我们普通人的宇宙旅行将不再是梦想,至少到太空观光旅游将是一件很方便的事情。

4.空间探测器

人类为了走出地球,探索其他星球的奥秘,以寻求新的活动空间,就必须把自己的视野延伸到宇宙空间去,而不是紧紧围绕着地球转圈,这样就需要一种空间探测手段。这就是彻底脱离地球引力,飞往月球或其他行星,或在星际间运行的空间探测器。

在1961年苏联即开始发射飞往金星的探测器，但第一次飞行因无线电发射机出了故障没有成功。1965年11月前苏联又接连发射了“金星2号”空间探测器、“金星3号”空间探测器，并把带有前苏联国徽的圆球送到这颗神秘的行星上。

苏联人造卫星上天5年后，美国就考虑到进行星际探测的计划了。1962年12月12日美国发射的“水手2号”探测器是人类探测太阳系其他行星的第一个探测器，它从距离金星34752千米处飞过，成功地测定了金星大气的温度。在此后的10多年里，前苏联和美国相继发射10多个金星探测器，有的从金星附近飞过，拍摄了大量照片，有的在金星表面软着陆进行直接考察。人们发现，金星的大气层充满二氧化碳和硫酸云，温度高达485 ℃，星面气压高达95个标准大气压（1标准大气压=101325帕）。在这个高温闷罐之中，生命是难以生存的。

对于水星，人们通过行星探测器发回的照片和数据，第一次发现它的表面布满环形山，具有磁场，大气极为稀薄，终年400℃高温，看来这是一个死寂的世界。

火星的红色光芒，多少世纪以来，一直使人凝视和沉思，唤起人们许多遐想。由于火星具有与地球相似的条件：它对太阳的倾角与地球差不多，也有一年四季的变化，使人们很容易想到那里也会存在与地球同样的生命。1971年12月2日，前苏联的“火星3号”探测器飞越了4亿7千万千米而临近火星，校正轨道后，下降装置自动脱离星际探测器在火星南半球软着陆。这是火星第一次接待来自地球的使者。1976年美国的“海盗1号”探测器和“海盗2号”探测器在火星软着陆，采集了土壤样品并做了分析。大量资料表明，火星表面并不像人们原来所想象的，它既无海洋，更无运河，寸草不生，没有任何植物。那里只有大大小小的环形陨石坑、广阔的灰土平原，以及巨大的火山锥，不时刮起红色风暴。

目前人类已对太阳系的九大行星除了冥王星外，都作了探测。其中，美国发射的“航海者1号”探测器和“航海者2号”探测器还共同对太阳系边界进行了探索。引起许多人关注的是，美国于1972年发射的“先驱者10号”探测器，1973年发射的“先驱者11号”探测器、1977年发射的“旅行者1号”和“旅行者2号”探测器，已先后飞出太阳系，去探测宇宙深空。其中在这几颗探测器内部放置有一张特殊的唱片，在这张唱片上录制了地球上35种自然声音、60种语言的问候语及27种音乐，它可保存12亿年，科学家们希望通过它为地球人与外星人联系作出贡献。

人类最早产生太空飞行理想的年代已难以查证，但有效的航天活动只是20世纪近40年的事。在不到半个世纪的时间里，航天事业已经取得了丰硕成果，它使人类的知识宝库极大地丰富了，改变了许多传统的科学观念和意识，从而将人类的视野伸展到宇宙的新的深处。人们所要探索的宇宙是无穷无尽的，目前人类向太空迈出的仅仅是很小的一步。航天技术的成就已为人类提供了新的契机。

航天技术产业化

航天技术是一门涉及面广、综合性强的科学技术。半个多世纪以来，航天技术在国防、通信、广播、气象、导航、地测、资源勘探、环境保护等各个方面都获得了广泛的应用，并且深入到文化教育、交通运输、文体娱乐、医药卫生等日常工作和生活领域。

航天技术的开发是需要投入大量的人力和财力的。在航天技术发展的初级阶段，各国由政府投资、国家经营，耗资巨大，收益也不十分可观。例如美国的“阿波罗”登月计划耗资300多亿美元。当时有人批评开发航天技术是花大钱没有经济效益,但是进入20世纪80年代以后,由于航天技术向人们展示出其应用到生产生活各个领域所取得的可观的经济效益,吸引了越来越多的私人企业参与到开发航天技术的事业中来,形成了一种新兴的产业——航天产业。

航天产业的确是一个方兴未艾的新兴产业。据统计,20世纪80年代后期,世界航天产业的年产值约为250亿美元,其中仅卫星通信业这一项,营业额就达20亿美元以上。据一些科学家预言:到20世纪末,美国每年参与开发太空的所有企业,可能获得650亿美元的总收入,美国政府从中可望得到税收130亿美元。由此可以看出,航天产业作为新兴的高科技产业的一个重要部分,将会给人类的社会发展和经济生活带来多大的影响。

在知识经济日新月异的今天,发展航天技术和航天产业已经成为许多国家经济和社会发展规划中的首要选择。我国自然也不例外,我国制定的"863"计划在有关航天技术的说明中明确指出了我国发展航天技术的目标和任务是使航天技术产业化。

航天产业是指以航天技术为基础的一系列产业的总称。主要包括卫星通信业、航天器发射业、太空制药业、空间加工业、空间维修业、太空遥感技术等。本书仅对前四种航天产业作一下粗略的介绍。

1. 卫星通信业

国际卫星通信,曾经一度被认为是新奇而激动人心的技术,但在今天的知识经济时代里,这几乎是许多公司日常而又平凡的办公事务。据报道,在巴西热带丛林中旅游的一位实业家利用一部便携式的卫星电话,轻而易举地办成了几十亿美元的大生意。美国CNN的新闻摄影记者在战火纷飞的伊拉克首都巴格达,通过卫星把正在发生的战场风云即时传输给世界各地的亿万观众。在撒哈拉沙漠探险的旅行者,每天晚上通过国际海事卫星系统与家人联系。现在这一切都已不再令我们惊奇。

世界上第一颗同步通信卫星是美国发射成功的。1963年7月26日,美国的“辛康2型”同步卫星发射成功并首次越洋远距离通信。1965年4月4日,美国的“晨鸟1型”同步通信卫星发射成功,成为世界上第一颗实用的商业通信卫星。该星定点在大西洋上空,可以同时转发240路电话对讲,并转播一路彩色电视。

第一代国际通信卫星虽轻(仅重39千克),在国际卫星电视中却大放异彩。两年后,三颗第二代国际通信卫星相继进入静止轨道:一颗在大西洋上空,另两颗在太平洋上空。1968年底和1969年初又陆续发射了三颗第三代国际通信卫星,这三颗通信卫星分别定点在太平洋、大西洋和印度洋上空。这三颗卫星的发射使得世界上的每一个角落能通过卫星收看到世界各国重大事件的电视节目。

澳大利亚的媒体大王默多克在不久前宣布:他将以私人的身份,开设一个向普通家庭播放电视节目的天空电视台。该台被命名为“天空波段”,使用两颗同步电视卫星,一颗向欧洲广播,另一颗向整个美国广播。该台设5个电视频道,两个播映影视生活节目,3个用于商业节目的播映。该电视台播映节目的好处是不受地形地势的限制,而且画面特别清晰。如果有客户想要观赏节目,只需先花500美元,租用一座特备的碟形天线及附属设备,每月再付25~30美元的收看费即可。

时至今日,商业性同步通信卫星已发展到第六代,1984年10月27日,欧洲的“阿里亚娜—4”型运载火箭发射成功第一颗第六代国际通信卫星。这颗卫星采用自旋稳定方式,由美国休斯公司研制。该星可以同时允许24000路电话对讲,并转播了3路彩色电视。由于卫星通信技术的发展，目前越洋跨国远距离的全球通信量，已有2/3是通过人造卫星进行的。在越洋远距离通信方面，卫星通信已经超过短波无线电和海底电缆而跃居首位。通信费用也有了大幅度下降。例如，“晨鸟号”卫星每年每条线路收费2万美元，“国际通信卫星—2号”降到1万美元、“国际通信卫圣叫号”只收700美元，到“国际通信卫星—5号”降到300美元。在卫星通信以前，从纽约到巴黎每年海底电缆收费2万美元，1971年降到11350美元；从旧金山至菲律宾电缆每年25000美元，以后降到18900美元；从旧金山到夏威夷电缆每年收费17000美元，以后降到6700美元。由此可见卫星通信比海底电缆通信要便宜得多。经营通信卫星商业服务的国际通信卫星组织，每年可盈利3亿美元以上。

2. 卫星发射业

在知识经济时代，随着通信技术的发展以及世界各国对各种应用卫星的需求和世界上卫星发射数目的日益增多，各国的争夺也十分激烈。

1986年1月28日，美国“挑战者号”航天飞机空中失事，而不久欧洲多国联合研制的“阿里亚娜”运载火箭首次商业性发射成功，使得一次性运载火箭卫星发射市场出现了客户排队等待发射的供不应求的局面。一晃10年过去了，20世纪90年代的卫星发射市场却是另一番景象：各主要航天大国纷纷登台亮相，总的发射能力供过于求。正如美国通用动力公司的洛夫莱斯所称：“我们了的市场是每年世界上有15~20颗卫星发射，要发射的卫星是如此之少！”

在世界卫星发射市场上，各个国家以及集团各显神通：有的看好重量几百千克的轻型卫星发射市场；有的注视1000千克左右的中型商用卫星发射市场;有的盯上1500千克左右的次重量级通信卫星发射市场;有的则看重3000千克以上的大型商用通信卫星市场。

当前,世界上商用卫星发射市场一直由美国三家主要火箭制造商(制造“大力神”系列的马丁·玛丽艾塔公司、制造“德尔它”系列的麦道公司和制造“宇宙神”系列的通用动力公司)和欧洲“阿里亚娜”空间公司所垄断。另外,能进入国际卫星发射市场的还有前苏联和中国。目前,能发射3.6万千米高度静止卫星的国家有美国、苏联、欧洲空间局、日本以及中国。

在国际卫星发射市场上,最具实力的竞争者莫过于欧洲的“阿里亚娜”空间公司。在美国航天飞机“挑战者号”失事之后,它独占约50%的商业卫星发射业务。这是因为“阿里亚娜”火箭可靠性高,价格不昂贵(大约5000美元),发射日期不延误,除非发射失败。截止1990年4月底,“阿里亚娜”火箭发射费收入已超过200多亿法郎,给欧洲宇航工业带来了繁荣。

与“阿里亚娜”空间公司相抗衡的美国三家运载火箭公司中:马丁·玛丽艾塔公司主要瞄准那些极昂贵的特大号商用通信卫星市场。其中“大力神”火箭一箭双星的发射价格为1亿美元左右;通用动力公司发射的静止轨道卫星重量最大可达3000)千克以上,每次发射费用约4000万~9000万美元之间;麦道公司的“德尔他Ⅱ型”火箭可将重约1350千克的卫星送入地球同步轨道,其一次发射费约为4500万~5 000万美元。

20世纪90年代初期,俄罗斯加入到国际卫星发射自由市场中。俄罗斯的发射实力足以让西方卫星发射公司的老板感到威胁,所以他们一直试图阻止俄罗斯获得商业卫星发射合同。美国政府也宣布“禁止美国造的卫星出口到俄罗斯”的禁令,这给俄罗斯真正进入国际卫星发射市场带来了压力,但是确实俄罗斯在火箭发射卫星方面有着很大的优势:推力大、保险度高、发射费只有美欧公司的一半。

我国这几年也开始进入卫星发射市场,而且业绩不俗。1990年4月7日,我国“长征3号”运载火箭在西昌发射场将一颗1 250千克的“亚洲卫星1号”发射入静止转移轨道,从而顺利进入国际卫星发射市场,这是我国第一次发射美国制造的商用卫星。1997年10月17日,中国“长征2号”运载火箭在西昌卫星发射场将“亚太2号”通信卫星成功送入预定轨道。至此,由中国长城工业总公司承揽的“亚太2号”通信卫星发射服务合同圆满完成。

3. 太空制药业

1984年8月30日至9月5日,美国“发现号”航天飞机进行它的太空处女航。在该机上进行的众多科学试验中,最令人感到有趣的是一家太空航空公司自费派人进行试验的一个项目,这一次可以说是开创了太空商业旅行的先例,这家公司就是以制造军用民用飞机为主的著名的麦道公司。

这家私营公司所要进行的项目是携带一台新式制药设备到太空试验特殊高效药品生产。这台设备被称作——连续式电泳机,它的功用是在失重的环境里,从一系列样品中提取几乎纯净的蛋白质。医学研究表明,目前人们所患的若干很难对付的疾病,是由于人体内缺乏某些特殊的蛋白质而引起的。例如,侏儒症是由于生长激素缺乏而引起的,生长激素是一种蛋白质;糖尿病是由于人体内胰岛素的分泌量过少,胰岛素也是一种蛋白质。

提取特纯的蛋白质药物要用到电泳的原理。所谓电泳法,其原理是让含有生物物质的溶液,从两片带电的极板之间的槽中流过,由于不同的生物物质在溶液中所带电荷不同,分子量不同,受到电场的作用力亦不同,因此,它们沿着不同的路线流动,这样,就把细胞、血球、酶或干扰素等不同的生物物质分离开来。当然，在地面上也可利用电泳法提纯生物物质，但由于重力的作用，液体内各部分的温度是不均匀的，一部分较热，热的液体上浮，冷的液体下沉，形成了对流，对流是破坏电泳法高效提纯药物的大敌。因此，在地面上制不出特纯的药物，即使能够利用特殊的工艺制成极少量，价格也是非常昂贵，一般患者是消费不起的。

如果在太空中制取，由于太空是一个微重力环境，不存在对流，不存在对药物纯度有影响的其他因素，因此在太空中利用电泳法制取的产品纯度比在地球上高4倍，生产效率高600~900倍，这样高的生产效率必然导致成本下降。“阿波罗—联盟号”飞船在进行联合飞行时，曾进行过电泳分离试验。试验结果表明，在失重环境下可以从大约5%的肾细胞中分离出尿激素，这种尿激素是溶解血栓或凝血的一种特效药，如果能在太空城中投入批量生产，仅美国一个国家，每年就可以使5万人免死于凝血症。

空间生产蛋白质晶体，已在地面实际应用中显示出了广阔的前景。大家都知道，如果依据人的意志来改变蛋白质晶体的结构，必然会要求测定和研究被改造对象的空间结构，以便进一步提出修改方案。许多医药是通过与特定蛋白质相互作用来发挥药性的。在空间这一特定环境下，对蛋白质晶体的生长极为有利，这样就可以测定蛋白质晶体结构。如在空间生产的干扰素、淋巴细胞、激素已经成为极有发展潜力的一类药物，可以对治疗癌症发挥极大的作用。

到目前为止，在太空生产高级特效药品的工作还处于试验阶段，但它的发展前景是激动人心的，也是十分迷人的。疫苗制品的生产，人体细胞和白蛋白的提纯和制造，红血细胞生成素的制取，各种激素或酶的生产，白细胞或红细胞的分离和培养等，都可能发展成为商业利润极为可观的产业，有人估计，仅就疫苗一项，每年可能得到的经济收益将超过15亿美元,因此空间制药业和生物制品必将在航天产业中占有越来越重要的地位,而且是知识经济时代人类在太空优先考虑的发展项目之一。

4.空间加工业

未来的航天技术在运用到空间产业化的进程中,除了积极发展与人类健康密切相关的制药业和生物制品外,还可以利用空间环境,得天独厚的条件来发展高精尖的新产品和新材料制造业。目前,世界各国工业界已开始高度重视空间加工业。日本和西欧国家特别是德国,正在加紧进行空间加工的科研工作,而美国和俄罗斯在其“天空实验室”和“礼炮号”轨道站上进行过一系列的空间加工试验。所有这些科学研究和实验的目的都是为将来空间工业业作准备,一旦条件成熟,便可开始大规模的空间加工。

为什么说在宇宙空间中可以制造比在地球上精度更纯、技术更好的产品呢?这是因为空间轨道处于微重力和高真空的环境里。当然严格地讲,空间里的任何物体都会受到地球引力的影响,但对于距离地球遥远的空间轨道来讲,这种影响显然是可以忽略不计的,对于材料加工,微重力是求之不得的理想环境。在地球上,由于存在沉积、对流、浮力等类的地球引力效应,常常给材料加工带来严重的影响。

在材料加工过程中,当材料的不同组成部分以熔融状态变成固态时,对流和沉积这两种地球引力效应将交替地发生作用,从而破坏了材料的均匀性及其应有的性能。

对材料进行加工所面临的一个严重的问题就是材料的污染。在地球上常常需要把材料装在容器里才能进行加工。例如:钨的熔点为3400℃,当把它加热到溶化时,不论什么材料制成的容器都会同钨发生化学作用,从而影响钨的纯度。而在微重力条件下，没有浮力存在，液滴更易悬浮，因而冶炼金属时可以不使用容器，而是采用悬浮冶炼法，其优点是冶金温度不受容器耐温能力的限制。因此，悬浮冶炼不仅能进行高熔点金属冶炼，而且可避免被冶炼物与器壁发生化学作用而被污染以及非均匀结构结晶的出现，除改善合金组织外，还使金属纯度大为提高。

在微重力条件下，内聚力和表面张力仍然存在，不产生地面上常见的自重变形，能制造出椭圆度极小的球体，且可控制产品形状，可以制造特别细的金属丝。因为没有浮力，液体内的气泡跑不出去，在各种粒度的液体中均可保持气泡。利用这一特性，可以在空间冶炼出泡沫金属材料，如同泡沫塑料的“泡沫钢”，这种钢的结构中均匀分布许多气泡，质量很轻，甚至能浮在水面，而坚硬度和普通钢相同。

从某种意义上讲，浩瀚的宇宙空间是人类进行材料加工的天然工厂，更是人们进行科学试验的理想之地。近年来，科学家们在美国和前苏联的空间站上进行了许多空间加工试验，取得了可喜的成绩和宝贵的经验，这也预示着在不久的将来，空间加工业将从实验室走出来，真正实现商业化的大批量生产，为更加舒适的人类生活提供一系列高精尖产品。

迅速发展的中国航天事业

经过短短70多年的建设和发展，我国的航天科技事业已经取得了丰硕的成果，我国的航天技术目前在卫星发射技术、测控技术、回收技术以及低温燃料火箭技术等方面，已居世界前列。

从1958年起，我国开始研制、试验探空火箭，在苏联、美国发射其第一颗人造卫星上天后七八年，即1965年开始实施我国的航天计划。1970年4月24日，我国成功地发射了第一颗人造地球卫星“东方红一号”。这颗人造卫星重273千克,比前苏联、美国、法国、日本四国发射的第一颗人造卫星之和还重。从那时开始,至今我国已发射了40多颗不同类型的人造卫星,并开始把试验动物送上天。

1971年3月3日,我国发射了第二颗卫星“实践1号”科学试验卫星,在宇宙空间工作了8年,发回了各种科学数据。1975年11月16日,我国首次发射并回收了试验卫星,成为继前苏联及美国之后第三个掌握了卫星返回技术的国家,后来又连续12次回收卫星成功,保持100%回收成功率,这在世界上是少有的。

1984年4月8日,我国使用“长征3号”运载火箭成功地发射了一颗地球同步轨道试验通信卫星,这是我国第一颗同步通信卫星。它定点在东经125度赤道上空35860千米的位置,传送的电视图像和电话音响十分清晰逼真。全国人民通过这颗卫星的实况转播,看到了国庆35周年在天安门前举行的盛大阅兵和群众游行的活动。这颗卫星的发射成功,宣告了中国继美国和欧洲空间局之后,先于前苏联和日本,成了世界上第三个掌握超低温高能推进剂火箭发射同步轨道卫星复杂技术的国家。1990年2月4日,我国在西昌卫星发射中心又一次成功地发射了第五颗实用通信卫星,再次证明了我国的通信卫星技术已进入成熟阶段,具备了进入国际航天发射服务市场条件。1990年4月7日晚,“长征3号”火箭成功地把美国休斯公司的“亚洲1号”通信卫星送上了太空。发射成功以后,有关各方面都非常满意,美国休斯公司的专家对原“长征3号”火箭的发射入轨精度给予了很高评价。

1988年9月7日,我国从太原卫星发射中心用“长征4号”火箭将一颗试验性气象卫星“风云1号”送入近圆形的太阳同步轨道。当天它就开始向地面发回卫星云图照片。第一幅照片拍的是亚洲、前苏联上空的云图,层次丰富,纹理清楚,图像清晰。

1990年9月2日，我国第二颗“风云1号”试验卫星发射成功，进入太阳同步轨道。到20世纪末，将建立我国自己的由极地轨道气象卫星站、地面气象站、高空探测站、天气雷达站以及其他专业观测站共同组成的大气综合探测系统。到那个时候，我国的天气预报就会更准、更及时。

新中国成立以来，在航天事业的发展上，我国本着“开发空间，和平利用，服务经济”的宗旨，集中一定数量的资金，重点发展了运载火箭、应用卫星和卫星应用技术。现已拥有西昌、酒泉、太原三个卫星发射基地和西安卫星测探中心，拥有卫星和运载火箭的研究、设计、试制、生产、试验等配套设计和一大批经验丰富、技术精湛的专门人才，可以发射近地轨道、太阳同步轨道、地球静止轨道卫星。我国已经掌握了运载火箭的高能低温燃料技术、火箭捆绑技术和一箭多星技术。“长征火箭”的安全性、可靠性和技术稳定性受到了国内外客户的一致好评，也受到欧美同行的公认。我国的“长征系列”运载火箭已阔步迈入国际卫星发射市场。

尽管我国的航天活动在一些领域已取得了可喜的进步，但还远远不能适应知识经济时代对航天活动的要求。从整体上看，我国航天技术产业化的广度和深度仍落后于世界先进国家，发射的应用卫星不仅数量少，而且品种也不完备，难以满足各行各业的需要。在星际探测和载人航天方面，我国还是空白。在茫茫太空中，既没有我们制造的宇宙飞船和航天飞机，也没有属于中国的空间站和天空实验室。所以在发展航天技术方面我们既不应妄自菲薄，也不应沾沾自喜，而要踏踏实实，从我们国家的国情出发，以民用化为目标，尽量发挥航天技术的经济效益。

当今国际宇航事业分为两大类型，一类是探索开拓型的，如美国的“阿波罗”登月飞行、航天飞机和即将进行的空间基地建设，前苏联的宇航空间站等都属于这一类型；另一类是应用型的，主要包括通信、勘测、气象卫星等。我们认为，我国宇航事业的力量应全部集中在应用型技术和产业的发展上。

应用型的航天技术经过多年的研究探索，现在已发展成为一门成熟的技术。应用型航天事业是一个社会效益和经济效益都很高，开发潜力也很大的领域。由于应用型航天事业不像探索开拓性宇航事业那样需要雄厚的财力、人力和技术支持，所以不但发达国家，而且许多发展中国家和地区也争相进入这一领域。巴西、印度、墨西哥正在建立自己的应用型宇航工业，新加坡、韩国、我国的台湾省也制订了自己的应用型宇航工业发展计划，应用型航天事业开发正波及全球。

目前，我国已经进入探索开拓型宇航事业的国家行列，但就我国目前的国力状况而言，发展应用型航天事业来锻炼科研队伍，扩大基础、积聚财力，然后在雄厚的人力、物力和财力的支持下再上一个新台阶，还是比较可行的一条道路。我们认为：到21世纪中期，我国完全有可能对宇宙进行大规模开发，完全有可能在宇宙建立空间城和宇宙工厂。

近十年来，在航天技术的应用和产业化方面，我国也取得了不少的成绩。如我国的卫星遥感技术，在国民经济建设中发挥了越来越大的经济效益。过去我国勘探矿产石油，大都采用由点到面、由线及面的地质调查方法。这种方法见效慢，出错率高。一个大矿区的调查，往往要耗费很多年的时间。而利用卫星遥感技术，可以进行大面积的普查，对全局有了一个大概的了解后再重点详查，从而避免了盲目性和片面性，减少了人力、物力、财力的浪费。在实际工作中如冶金部勘探部门参照卫星照片在内蒙古寻找铬矿和铁矿，也收到了很好的效果。

我们相信，在即将到来的知识经济时代，我国的航天技术必将取得更加丰硕的成果，必将对我国的社会主义现代化建设起到积极的促进作用。

时空深处的恐兽——黑洞之谜

1.多冈人的神话

在非洲马里共和国多冈族人里，流传着一种关于天狼星的奇异神话。多冈人只有几十万，但使我们惊奇的是，与其他古老民族的神话相比，多冈人的神话中蕴含着如此之多的现代物理学知识和天文学知识。多冈人掌握了诸行星系围绕它们的轴自转并围绕太阳公转的知识，而在现代科学的诞生地——欧洲，只是到了哥白尼才开始了解这方面的知识，后来拉普拉斯才说："诸行星上是可以住人的，诸恒星是散布在太空中的许多太阳，各自成为行星系统的中心。"

多冈人还知道行星按椭圆轨道运行，而在开普勒计算行星轨道是椭圆形之前，没有一个天文学家知道这一点。

更让人震惊的是，多冈人居然认识天狼星是天空中最亮的星，他们还说，有一颗黑暗的、看不见的伴星沿着天狼星的轨道运行，每50年运行一间。这颗伴星很小、很重，由一种名叫"萨加拉"的特殊金属构成，这种金属在地球上还没有发现过。

现在我们确实知道，天狼星A有一颗非常晦暗的伴星，称作天狼伴星B，它按照与天狼星同一椭圆形的轨道运行，每隔50.04±0.09年转一圈。天狼星B是现代天文学发现的第一颗白矮星。它的物质处于一种叫做"按相对论简并"的状态，这在地球上是不存在的，并且，由于在这类简并物质中原子核管不住电子，因此也可以把它说是金属物质。

那么多冈人是怎样知道这些天文学的知识的呢？有人猜想是外星人带给他们的知识，就像科幻小说中的刀脚小绿人带给地球的礼物。多冈人的神话来自何处在此我们暂不追究，我们更关心的是恒星的衰亡导致白矮星、中子星乃至黑洞的全部秘密。当然，小绿人的故事也引起了我们强烈的遐想。因为我们所观测到的现象，我们所得到的知识是不是小绿人以另一种方式传授的呢？

2.白矮星

1834年，天文学家弗里德里希·贝塞尔在对天狼星的探测中发现，天狼星属于一个双星系统，它应该有一个伴星，质量像太阳那样大。但是他却没找到。

直到30年后，阿尔文·克拉克才找到这颗神秘的天狼伴星B，它的光度比天狼星A弱1万倍，就像是萤火与日光争辉。对于肉眼和一般望远镜来说，它是“隐形”的。到了7后来，又出现一个问题：人们发现天狼B星是白色的，温度很高，既然温度高，为什么光度却很低呢？唯一的解释是，天狼B星的半径极小，跟地球差不多。

这就造成了更大的问题：一个大小像地球、质量如太阳的恒星，其密度必然达到800千克/立方厘米，相当于把埃菲尔铁塔压缩到90立方便米的体积里。

这简直不可思议！但是到了后来，这种性质的星星发现得越来越多。

首先我们从泡利不相容原理谈起。在原子中，带负电的电子被带正电的核以电引力所束缚，并不停地绕核旋转，此时被束缚的电子产生出一种压力以防止物质的收缩超过一定限度。这样，在原子的“居室”里，大部分都是空着的。

但是如果由于某种作用，粒子挤满了“居室”，会发生什么情况呢？根据泡利不相容原理，这些粒子会产生出一种巨大的内部“量子”压力，称为简并压，通过这种方式形成的物质就是简并物。

白矮星的内部充满着简并物。

现在我们已经发现了几千颗白矮星，没有被发现的更多，估计有几百亿颗之多。它们是怎么形成的呢?

中等质量的恒星经过核反应，其中部分的氢逐渐转化为氦，于是氢聚变反应停止，在引力作用下恒星开始收缩，温度和密度增高。在恒星的外层，氢聚变反应继续进行，推动外层膨胀，使恒星的体积增大几千倍以上而表面温度降低。从而形成了温度低、颜色红、体积大、光度高的红巨星。

接着恒星内部各种元素相继发生核反应，当核反应结束后，引力使恒星开始坍缩。于是，恒星体积小，密度增高，恒星内部形成简并物质，这就是恒星的死亡。它遗留下来的骨骸就是白矮星。

白矮星逐渐地冷却，最后停止了辐射，变成一个比钻石还要硬的巨大晶体，这是黑矮星。黑矮星是中等质量的恒星最终的归宿。这一过程相当缓慢，至今恐怕还，没有一个黑矮星形成。

3.超新星、中子星和脉冲星

质量极大的恒星，一旦核反应结束，向心的引力失去了它的平衡能力，就会产生剧烈的坍缩。从而使核心部分压缩到密度极高的状态，同时又向外发出强烈的冲击波，使外层物质猛然向星际空间抛射，这就是超新星爆发。这真是一次壮烈的死亡，几天之内它的光度增加几十亿倍，就像一个星系一样明亮，直到几个月后才慢慢暗下来。

1054年，中国宋代的天文学家杨惟德观察到一次超新星爆发现象，他记载道:“我深深鞠躬”我看到一颗客星出现。它有闪光，黄色……国家将繁荣昌盛。现在这颗超新星变成了金牛星座里的蟹状星云，至今还在高速向外扩散。

迄今为止，我们在几十万个邻近星系里，已看到几百个超新星。

超新星爆发后，核心部分在坍缩造成的巨大压力下成为一种超高密度的简并物质，并且，电子已简并的核突然塌陷，在十分之一秒内，温度猛升到50亿摄氏度，电子的速度也接近光速，在十分之一秒内它们被挤压到核里，与质子相结合，成为中子，同时迸发出巨大的中微子流。这时恒星的全部物质都是中子，恒星便成为中子星。

中子星印密度达到1014克/厘米^3，相当于一个有1亿吨质量的戒指。并且由于体积小，那么自转速度也变快，达到每秒几周或几十周。

同时，由于收缩，磁力线越来越紧密，磁场因而大大加强。中子星的磁场很强，比太阳的磁场强1万倍。

1967年，剑桥大学的一名年轻研究生乔丝琳?贝尔在检试新射电望远镜时，发现一个精确地每隔1.33730133秒出现的周期性信号，后来又发现了一些类似的情况，人们认为这样稳定的信号只有像小绿人那样的外星来客才能做到，所以给它们起名为小绿人1号、小绿人2号……

后来，天体物理学家把能够这样稳定地发射周期性信号的星叫做脉冲星。脉冲星就是快速旋转的中子星。

4.黑　洞

如果一个质量更大的恒星，经过超新星爆发抛射物质后，剩下的质量仍然超过3.2个太阳质量时，中子间的排斥作用再也不能抵抗住引力，从而发生中子塌陷。这时没有任何力量能够抵挡住引力的作用，中子就会形成一个没有体积只有大质量和高密度的奇点。

天体上的任何物体，如果要脱离这个天体飞离到太空中去，就必须具备足够大的速度来克服引力作用，对于一个半径为30千米以内的这种天体，其逃逸速度要达到每，秒30万千米，也就是光速。从此，任何从该天体发出的光都不能逃逸到无穷远，只能被引力场拖曳回来。于是光被囚禁，任何东西也不能逃离这里。

这种天体发不出光，一切东西只能进不能出，因此们把它叫做黑洞。

既然黑洞不发光，那么我们怎么知道它是否存在呢?有人用X射线探测。因为当物质被绕着黑洞飞快旋转的引力源吸入黑洞时，会发生碰撞释放能量，以螺旋状进入黑洞。在螺旋下降过程中会发射X射线。因此当X射线被释放时，我们可以判断黑洞存在的可能性。但是如果由于其他的一些过程也释放X射线，即使我们发现某个有大量的X射线，那么也不能确切地判定它就是黑洞。

1965年，在天鹅座中探测到一个特殊的强X射线源，命名为天鹅座X-1。1971年，一个X射线探测火箭表明，天鹅座X-1发射的X射线是无规律的，从而证实了黑洞存在的可能性。

人们发现天鹅座附近有一颗大而热的蓝白恒星，估计这颗恒星比我们的太阳大30倍。这颗恒星和X射线源彼此绕着旋转。这个X射线源可能是太阳的6倍。由于无法看见，它一定是坍缩后的小尺寸恒星，它的质量很大，不可能是白矮星，也不可能是中子星，因此它肯定一个黑洞。

在我们的宇宙中，肯定存在着许许多多的黑洞。因为在长达150亿年的漫长历史里，很多恒星应当已经烧尽了它们的核燃料并坍缩了，也许它们的数量比我们看到的恒星要多。只有由于黑洞的强大引力，我们的星系才会旋转而不会飞散(以前我们怀疑是暗物质的作用)，而单靠可见恒星的质量，是远远不够的。

黑洞是什么?是吞噬一切的时空恐兽?还是通往另类宇宙的时间机器?

轻率的宇航员

1.地狱之门

在伟大史诗(神曲)中,当诗人但丁在维吉尔的带领下进入地狱时,看到地狱之门镌刻着这样一句话:

到这儿的人,

放弃一切希望吧!

黑洞的“视界”就是这样一座“地狱之门”,任何进入这道“视界”的物体,将永远关在这座“宇宙监狱”里,再也不能逃离。视界是黑洞恐怖想象的开始。

视界首先是作为魔圈问题出现在人们眼前的。1915年12月,也就是爱因斯坦发表他的广义相对论后一个月,德国物理学家卡尔·史瓦西描述球状物体周围真空中引力场的值。人们发现,按照史瓦西解释,在r=2m(光锥的最大直径)以内,空间和时间都丧失了自己的特征,时间趋于无限,距离变成零,这样就不可能再进行测量,所以爱丁顿称之为“魔圈”。

在此以后,一些科学家对此进行了探索。1939年,奥本海默和施奈德运用相对论来计算球状体在史瓦西半径下的引力坍缩,他们证明:在此时,物质和时空将塌缩成一个奇点,光也不能从中逃逸。

于是我们就看到了这样一幅图景:恒星的引力场改变了光线的路径,使之和原先没有恒星情况下的路径不一样,我们用光锥表示,它代表光线从其顶端发出后在空间一时间里传播的轨道,它还包括所有光速以下的粒子的运动轨道。

在没有引力的情况下,所有光锥都相互“平行”。在恒星表面附近，由于引力作用，光锥稍微向内偏折，我们在日食时观察远处恒星发出的光线，可以看到这种偏折现象。当恒星收缩时，引力场增强，曲率增大，光锥向内偏折越来越大。最后，当恒星收缩到某一临界半径时，表面的引力场变得如此之强，使光锥偏折得如此厉害，一直偏折到45℃，一条母线已成为垂直线，所有允许的传播方向都向引力中心汇聚，光被囚禁，r=2m处的视界形成。

越过视界后光锥变得更为倾斜，张角更小，所有方向都会聚到r=0上，在这里，所有物质都被无限压缩，时空被无限弯曲，这就是黑洞的中心——奇点。

任何从黑洞中逃逸的物质，在视界处都会被强力拉回。因此，视界就把时空分为互相隔离的两个部分，一个部分是正常的宇宙，光线自由传播，另一个部分就是黑洞，所有物质，包括光都被囚禁。

2. 宇航员的敬礼

假如有一位英勇无畏的宇航员，肩负着人类探索宇宙奥秘的使命，通过星际空间，来到了黑洞面前。

他目睹了黑洞形成的过程。然后他继续向黑洞进发。于是他受到了黑洞的引力——潮汐力的吸引，一去不复返地穿过视界，落进黑洞。就在这时，宇航员向全人类致以庄严的敬礼，他的告别由电视实况播出。

通过飞船上其他宇航员按相等间隔拍到的系列图像，宇航员的敬礼在第1356.00秒开始，在第1357.20秒寸结束。在穿越视界过程中，没有发生什么神奇之事。

然而，在遥远的电视屏幕上，开始与拍摄的图像一样，但随着飞船向视界超近，它越来越慢，这时，图像几乎没有改变，宇航员越过视界时的姿势被永远冻结了。然后，图像逐渐消失，因为黑洞里的光不再能传出,而是指向奇点。因此,宇航员在黑洞里的奇妙经历再也不会有人知晓,他只是留下了那悲壮的一幕——永远的敬礼!

事实上,宇航员也不会看到黑洞里神奇的景色,甚至早在他接近视界前,他也许已经悲惨地死去,永远也没有机会去做那个预定的敬礼了。

因为黑洞的潮汐力相当大。一个头朝着黑洞下落的宇航员,他的脚受到的引力比头受到的小,他的身体会被潮汐力拉长,这个力随着他向黑洞的靠近而增大。假如这个黑洞的质量较小,这个宇航员还没有到达视界,就已被潮汐力撕裂而死。就像把他挂在埃菲尔铁塔上,而全巴黎的人都吊在他的脚下。这样他当然就再也没有机会给人类留下他永恒的敬礼了。

如果这个黑洞质量很大呢?黑洞的质量越大,密度就越强,其外部时空弯曲就越小,人体就不会撕裂。当黑洞质量非常大寸,宇航员就可以到达视界,做那个敬礼。他经过视界时毫无感觉。然后,一个礼拜后,他开始感到压迫,他被拉得越来越长,而且变得稍微瘦一些,当然,他变得非常长非常细,就像一根面条。两周以后,他就落到黑洞中心然后死去。

假如宇航员在这个过程中没有被撕裂,那么他能够到达黑洞的中心吗?恐怕不能,当黑洞形成的那一刻——十亿亿亿亿亿分之一秒里,时空的性质被改变了。你可以越来越接近中心,但永远不能到达,因此这时的时空就像一个有无数层的洋葱,你可以无限地剥下去,但永远也剥不完。如果宇航员带着一只手表,这只手表将永远到达不了午夜,宇航员也永远到达不了黑洞的中心。

当宇航员在黑洞里回头时,他可以看到和他一起掉进的东西,这些东西将发生奇异的变形。在一定条件下,他也许能穿越到另一个遥远的宇宙去,成为有史以来第一个进行宇宙间旅行的人。

当然,这一切都有只是猜想。宇航员掉进黑洞的那一刻可能非常短暂,然后很快地被撕裂,成为粒子。这些粒子有可能通过黑洞到另一个宇宙中去。假如这个宇航员知道这一点一定会感到非常安慰。因为即使他完成不了永恒的敬礼这一神圣动作,也有机会由他的粒子夺得。第一个穿越宇宙者的光荣称号,从而写上吉尼斯纪录大全。